Alejandra Guadalupe Trujillo Gómez

Prácticas agrícolas en huertos de mujeres organizadas cafetaleras

Alejandra Guadalupe Trujillo Gómez

Prácticas agrícolas en huertos de mujeres organizadas cafetaleras

de la Sierra Madre de Chiapas ante el COVID-19:
una mirada ecofeminista

Editorial Académica Española

Imprint

Any brand names and product names mentioned in this book are subject to trademark, brand or patent protection and are trademarks or registered trademarks of their respective holders. The use of brand names, product names, common names, trade names, product descriptions etc. even without a particular marking in this work is in no way to be construed to mean that such names may be regarded as unrestricted in respect of trademark and brand protection legislation and could thus be used by anyone.

Cover image: www.ingimage.com

Publisher:
Editorial Académica Española
is a trademark of
Dodo Books Indian Ocean Ltd. and OmniScriptum S.R.L publishing group

120 High Road, East Finchley, London, N2 9ED, United Kingdom
Str. Armeneasca 28/1, office 1, Chisinau MD-2012, Republic of Moldova, Europe
Managing Directors: Ieva Konstantinova, Victoria Ursu
info@omniscriptum.com

Printed at: see last page
ISBN: 978-620-2-13220-6

Prácticas agrícolas en huertos de mujeres organizadas
cafetaleras de la Sierra Madre de Chiapas ante el
COVID-19: una mirada ecofeminista

Dedicatoria y agradecimientos

*Primeramente, doy gracias **a mi Dios** por su amor y bondad; pues esta investigación es el resultado de sus designios, de su ayuda y misericordia. He aprendido más como ser humano, a superar las pruebas y obstáculos, pero también a mejorar profesionalmente. Todo se lo debo a él.*

*A mi familia, especialmente **a mi mamá María Antonieta Gómez Castillo**, por su ayuda total e incondicional que me permitió poder realizar este trabajo; **a mi Papá Rigoberto Trujillo Narváez**, por su apoyo; **a mi hijo Christian Adair Trujillo Gómez**, por ser el motor de vida de todos y cada uno de mis logros; **a mi hermano Carlos Trujillo**, por su colaboración en esta investigación con las imágenes y figuras, así como por la producción del video.*

*Agradezco **a la Dra. Erin Ingrid Jane Estrada Lugo**, por aceptar ser mi tutora de la maestría y por el aporte de conocimientos valiosos hechos a este trabajo; por sus consejos y absoluto apoyo, mi admiración profunda. **A mis asesoras, las doctoras María Lorena Soto Pinto y Georgina Sánchez Ramírez**, por los invaluables comentarios realizados para mejorar esta investigación; mi respeto hacia ustedes.*

***Al Colegio de la Frontera Sur San Cristóbal (ECOSUR) y al Consejo Nacional de Ciencia y Tecnología (CONACYT)**, por los conocimientos adquiridos; por aceptarme como alumna de la maestría y por el recurso otorgado para poder dedicarme de tiempo completo a este trabajo.*

***Al Instituto de Ciencia, Tecnología e Innovación del Estado de Chiapas (ICTI)**, por el apoyo de la beca para realizar este trabajo.*

*A los sinodales: **Dra. Carla Beatriz Zamora Lomelí, Dr. Miguel Sánchez Álvarez, Dr. León Enrique Ávila Romero**, por su tiempo invertido y por los valiosos aportes y comentarios que mejoraron esta investigación.*

***A mis maestras y maestros de ECOSUR**, que con sus cursos aportaron conocimientos valiosos que me llevaron a la reflexión y aprendizaje.*

***A la Organización Impulsora de la Comunicación Comunitaria de Chiapas A. C. (O.I.C.C.C. A.C.)**, presidida por el amor de mi vida el **Ing. Eliver Gómez Velasco**, a quien agradezco y dedico este libro con profundo amor, admiración y respeto por su incondicional apoyo para realizar este trabajo. Él, junto a sus compañeros, promovió por medio de spots y videos a la marca de café orgánico de las mujeres cafetaleras a través de cinco estaciones radiofónicas en Chiapas:*

1.- La Primera 93.1Fm-Ocosingo.

2.- Radio Sureste 102.1 Fm-Nachig, Zinacantán.

3.- La Super Matadora 100.3 Fm-Jaltenango.

4.- Radio Montecristo 100.9 Fm-Montecristo de Guerrero, y

5.- La Kafetalera 97.3 Fm-Siltepec.

*A todos los **medios de comunicación de San Cristóbal de Las Casas y Tuxtla Gutiérrez**. A las emisoras de radio **95.3 Suprema (WM) y Radio Núcleo**; los canales de televisión **Canal Trece, y Televisa Chiapas; redes sociales, revistas y periódicos (Realidades Noticias, Acontecer Chiapaneco, Cuarto Poder, Diario de Chiapas, Oye Chiapas, Diario Contra Poder, Canal 13 México, Todocholula.com, Interfaxprensa, entre otros)**. Agradezco las entrevistas realizadas y la difusión de este proyecto.*

*A **Magdalena Jiménez y Elena Burguete** del área de comunicación, difusión y divulgación de la ciencia de ECOSUR, por su apoyo en el cambio de spot con la voz femenina y la entrevista realizada para promover el tema.*

*A mis amigas, amigos el médico **Oscar Salvador Trujillo Chicas** por sus consejos y orientación en este tema. A **Elda Luz Pérez** por la elaboración de los títeres para los talleres. Al maestro **José Ignacio**, responsable del huerto de ECOSUR, por sus sugerencias a mi trabajo. Al **Lic. Luis Javier Salazar**, por la publicidad en redes sociales para la marca de las mujeres cafetaleras.*

*Al **Dr. Miguel Sánchez Álvarez, profesor de tiempo completo de la Universidad Intercultural de Chiapas,** por su contribución con la traducción de palabras al tsotsil y tseltal para el plato de la agroecoalimentación.*

*Al **Grupo Organizado de Mujeres Cafetaleras de la Sierra Madre de Chiapas en el Municipio de La Concordia,** por su aporte en la socialización de conocimientos; por permitirnos vivir y convivir en sus casas momentos inolvidables.*

Mi agradecimiento profundo a todas y todos quienes me apoyaron. Me llevo la mejor experiencia de esta etapa profesional.

La presente investigación se inserta dentro del proyecto PRONACE "Sistemas Socioecológicos Sustentables en Territorios Cafetaleros del Sureste de México".

Segunda fase. Número de proyecto: 16023

Contenido

Resumen

En la presente investigación se analizan y visibilizan las prácticas agrícolas, asimismo las estrategias agroalimentarias en huertos familiares, de una cooperativa de mujeres que produce y vende café tostado y molido con su propia marca en el municipio de La Concordia, Chiapas, México. El estudio se realizó con un enfoque de género, a partir de la teoría ecofeminista constructivista en el contexto del COVID-19, desde el método cualitativo —con mujeres y hombres— con énfasis en las productoras, donde el papel de ellas es clave. Las categorías de análisis, para el proceso productivo, fueron: conocimientos de los procesos —prácticas agroecológicas—, consumo, alimentación, división del trabajo, ciclo agrícola. Para el reproductivo: familia, trabajo de cuidados, red de cuidados y ciclo de desarrollo del grupo doméstico, con técnicas como la entrevista semiestructurada, talleres participativos y otras.

Los resultados indican que, durante la pandemia, las mujeres tuvieron más trabajo en lo productivo (agrícola) y reproductivo (quehaceres del hogar). Ante la disposición oficial conocida como "Quédate en Casa", el huerto cobró importancia ante el virus del COVID-19 porque aumentaron la siembra y consumo de plantas medicinales —encontrándose 142 especies con estas propiedades—. Los cuidados en este sistema agrícola favorecieron la vida diaria, generando la alimentación saludable y fortaleciendo la salud ante la crisis. En un contexto en donde las personas con obesidad y diabetes fueron las más vulnerables. Este estudio brinda información de los aportes nutrimentales de especies de tres sistemas productivos huerto, milpa y cafetal de los cuales se deriva el plato de la agroecoalimentación formado por el grupo de mujeres a partir de una visión encaminada a la justicia social y ambiental echando mano de tácticas que coadyuvan con el medio ambiente, cambio climático e igualdad de género. La presente investigación fomentó el apoyo mutuo y se espera que sea base para otros trabajos que visibilicen la labor agrícola y reproductiva de las mujeres para el cuidado de la vida.

Palabras clave: sitios, alimentación local, cuidado de la vida, ecofeminismo constructivista, pandemia.

Introducción

El sector agrícola es uno de los más importantes porque es el medio de subsistencia de cinco millones de grupos domésticos rurales (GDR), quienes aportan el 40 % de los granos básicos —maíz y frijol—, de acuerdo con el Servicio de Información Agroalimentaria y Pesquera (SIAP 2020). El grupo doméstico rural es una unidad social de diversos parientes —madres, padres, hijas e hijos—, conformada por una o varias familias nucleares o extensas que comparten un conjunto de actividades y se rigen por una autoridad; generalmente son patrilineales (Estrada Lugo et al 2020). Para los grupos domésticos cafetaleros de Chiapas, la caficultura ha cobrado relevancia ya que dependen económicamente de la venta del aromático; pero al mismo tiempo son altamente vulnerables por factores como los vaivenes de los precios del café, el contexto de pandemia o los altos costos de los alimentos (Hernández et al 2020).

En este sentido, conocer y analizar lo que hicieron las mujeres cafetaleras en un contexto de pandemia (OMS 2020) para la sostenibilidad de la vida y qué estrategias agroalimentarias y prácticas agrícolas implementaron en sus huertos, permite no sólo visibilizar el trabajo que desempeñan para el cuidado de la vida, sino también los conocimientos y tácticas de las cuales echan mano para asegurar su alimentación cuando, por un lado, el huerto familiar es considerado un sistema de producción agrícola alternativo que tolera la diversificación productiva y que ha jugado un papel significativo en la domesticación de especies vegetales de uso (Lok 1998; Eyzaguirre y Linares 2004); y, por otro lado, en la historia de la productividad del café ha ganado mano de obra, espacios en el ámbito doméstico para el secado y ha desplazado cultivos básicos (Benítez-Kanter et al 2019; Rodríguez-Ramírez et al 2021).

El propósito de la presente investigación está centrado en dar a conocer las diversas actividades de producción agrícola de las señoras cafetaleras, que coadyuvan a la obtención de alimentos provenientes del huerto y que favorecen la alimentación local y la salud. Este trabajo se enmarca desde una posición situada del mismo género y comprender realidades similares —como el ser madre soltera al igual que algunas del grupo de estudio—, pero en diferentes contextos —urbano y rural—. En ese sentido, se reconoce una sinergia especial con esta cooperativa —por ser emprendedoras— y se aborda el estudio con particular y gran pasión por la labor de los huertos y lo que sucede en torno al sistema. Los huertos familiares son un espacio en donde generalmente se siembran plantas medicinales, de tipo ornamental, hortalizas, y otras; suelen ser de diversas formas, tanto en camellones verticales y horizontales, huertos colgantes —macetas colgadas en la parte superior de las viviendas—, que se encuentran a un lado de la casa, atrás o al frente de la misma; se pueden conformar de árboles frutales y ser áreas que posibilitan la cría de animales de patio —gallinas, guajolotes y otros—.

El trabajo de campo se llevó a cabo en una localidad centro del municipio de La Concordia, en Chiapas México donde habitan las productoras organizadas de café orgánico, llamadas en adelante grupo de mujeres cafetaleras. La investigación se centró en el aporte reproductivo —cuidado de la vida— y productivo —agrícola—, en dos generaciones —adultas y jóvenes— con sus prácticas agrícolas en el huerto familiar durante la pandemia COVID-19. Se abordó desde la perspectiva de género, con la teoría del ecofeminismo constructivista; junto con las señoras se reflexiona y replantea la organización social de los trabajos reproductivos, para que los hombres aporten a los —cuidados y labores domésticas— visibilizándose el papel de ellas y tender puentes hacia una sociedad igualitaria.

Este documento se presenta y organiza en siete capítulos. En el primero se abordan los aspectos teóricos que guían el estudio, el sistema patriarcal capitalista y el neoliberalismo como factores que inciden en la invisibilización del trabajo productivo —agrícola— y reproductivo —trabajo de cuidados— de las mujeres en tiempo de crisis alimentaria por la pandemia COVID-19. Enseguida se aborda la agroecología y el ecofeminismo constructivista, y la reconstrucción frente al COVID-19 como alternativas ante la agricultura industrial y al modelo patriarcal capitalista, así como la definición de los conceptos centrales de la investigación —el huerto familiar y las prácticas agrícolas de las mujeres para la alimentación, estrategias agroalimentarias, economía del cuidado para la sostenibilidad de la vida y COVID-19—. Luego, se aborda un breve resumen sobre el contexto del grupo de mujeres cafetaleras que convergen en la Sierra Madre de Chiapas en tiempos pandémicos.

En el segundo apartado se presenta cómo se llevó a cabo la investigación, las razones del método, trabajo de campo, talleres participativos, el análisis de la información, y los alcances y retos de las labores en campo.

A partir del capítulo tres se presentan los datos obtenidos. El marco contextual del estudio con datos sobre el multilingüismo, la escolaridad, la religión, el entorno de bienestar familiar y algunos problemas de la comunidad. También se hace alusión a las actividades primordiales y secundarias de mujeres y hombres. Enseguida se muestra información ecológica tipo de suelo, principales cultivos, calendario estacional por cada mes —temporadas— de las especies del huerto. Luego, el ciclo de desarrollo del grupo doméstico que incluye el estado civil, edades de las y los integrantes, edad del matrimonio y otros que explican esta categoría. Seguidamente se presenta un breve apartado de la tenencia de la tierra, la migración que se da en el lugar, y los apoyos gubernamentales, de otras instituciones y capacitaciones que recibieron durante la pandemia.

El capítulo cuatro expone los aportes del cafetal en la alimentación, con su agrobiodiversidad, así como el tiempo y la división del trabajo productivo y reproductivo entre mujeres y hombres en el contexto pandémico. Aquí se presentan los relojes de tiempo de las productoras (es) que representan las actividades que hacen en un día y una aproximación de cuánto es lo que ganarían en términos económicos —si fueran remuneradas las labores domésticas o de cuidados— según el tabulador del INEGI.

En el capítulo cinco se exponen las prácticas agrícolas que se realizaron en el huerto familiar durante la pandemia por COVID-19. Se caracteriza el sitio de las familias cafetaleras; se muestran imágenes, figuras y tablas, su composición de árboles, plantas y/o animales, con el total de especies encontradas, sus aportes medicinales y diversos usos.

En el capítulo seis se amplía la información sobre la alimentación local, basándose en los tres sistemas productivos —huerto, cafetal y milpa— de las familias cafetaleras; se incluye el plato de la—agroecoalimentación—

formado en el taller de la buena alimentación con las productoras. El plato que se presenta es para todo el grupo doméstico en la cotidianeidad, pensado ante la actual o futuras pandemias; especialmente en el aporte que tiene para las mujeres que están en edad reproductiva, ya que durante el estudio se contabilizaron a tres en periodo de lactancia y maternidad. Relacionado con ello, se plantea la importancia de la milpa y el frijol en el sitio, —de acuerdo con datos científicos— representan una gran dieta para la salud. Luego se encuentra la sección de los alimentos procesados, las plantas medicinales del huerto y las enfermedades mencionadas de las mujeres en la pandemia; en éste se evidencia la imagen del recorrido del consumo alimentario en las diferentes etapas de vida —infancia, niñez, juventud y adultez—. Insumo que se generó en el mismo taller.

El capítulo siete presenta las categorías analíticas sobre huertos familiares y prácticas agrícolas en un contexto pandémico. Luego el ciclo agrícola del huerto familiar, las fases del desarrollo del grupo doméstico, familia, cuidados, red de cuidados en los sitios, consumo de alimentos, estrategias agroalimentarias y salud. Después la división sexual del trabajo en el huerto y el tiempo a las actividades productivas y reproductivas. Seguidamente se manifiestan las diferencias de género y el ecofeminismo constructivista.

El último capítulo presenta las conclusiones, los retos y alcances con la perspectiva del ecofeminismo. También se encuentra la literatura citada, notas, anexos con memorias fotográficas del trabajo de campo, de los talleres, de la devolución de resultados con la comunidad e imágenes de la entrega de reconocimiento y beca para esta investigación por el Instituto de Ciencia y Tecnología del Estado de Chiapas, México. Luego se muestra un reconocimiento Internacional que obtuvo este trabajo por parte de la Plataforma de Acción Climática (PLACA), de Santiago de Chile, en sinergia con la ONU, CEPAL, IICA y otras instituciones importantes que colaboraron en el concurso "Soluciones tecnológicas de bajo costo y/o basadas en recursos naturales", por la contribución del proyecto —con las prácticas agrícolas de las mujeres cafetaleras en el huerto familiar— a la mitigación del cambio climático.

Capítulo 1. Aspectos teóricos

1.1 El sistema patriarcal capitalista y el neoliberalismo en la invisibilización del trabajo productivo y reproductivo de las mujeres en tiempo de crisis alimentaria por la pandemia

Para comenzar se definen los conceptos centrales del estudio que ayudaron a comprender la realidad empírica. Enseguida, para entender el contexto de las mujeres, se realiza una síntesis sobre el café en Chiapas y se explicita a la cooperativa cafetalera que es el grupo focal de la investigación.

La agricultura tradicional es un modelo de producción basado en conocimientos de familias campesinas, que se ha desarrollado por generaciones. No obstante, con la introducción de la agricultura convencional por el sistema patriarcal capitalista, se invisibiliza el trabajo agrícola de las productoras; por ejemplo, no son poseedoras de la tierra (Muñoz y Vázquez 2012).

En la actualidad la agricultura campesina presenta desafíos debido al patriarcado, capitalismo y neoliberalismo. Como señala Martínez (2011: 1) "el patriarcado es una forma de organización social basada en la autoridad y superioridad de lo masculino". Mientras que el capitalismo es la expansión del capital económico, generador principal de riqueza, "es un sistema socioeconómico donde la economía se basa en leyes del mercado y la interacción de competencia e interés individual" (Bravo-Vera 2018: 3). El régimen patriarcal capitalista obstaculiza a las mujeres en términos económicos y de sobreexplotación del trabajo no remunerado que son las labores del hogar.

Para esta investigación, parto de la definición de Vargas (2007: 16) que describe al neoliberalismo "como el libre mercado, eliminación del gasto público por los servicios sociales, desregularización, privatización, supresión del concepto del bien público o comunidad". No obstante, aunque "el patriarcado surgió antes del capitalismo, con la aparición de este último se refuerza y profundiza la división sexual del trabajo: el trabajo para el mantenimiento de la vida, reproductivo o del cuidado atribuido a las mujeres mientras que el de producción a los hombres" (Martínez 2011: 1). Con la agricultura industrial se produce más y se impacta negativamente al medio ambiente. Sin embargo, la sociedad femenina ha tenido y tiene un papel fundamental en la agricultura (Polonio y Divulgación-CYMMYT 2022). Ya desde el siglo XVI los sitios eran cultivados por mujeres, con variadas plantas alimenticias y medicinales; como encargadas de mantener el sistema y de ello dependía el aseguramiento de sus alimentos (González 2018: 52).

Por otro lado, la pandemia del COVID-19 —declarada por la Organización Mundial de la Salud el 30 de enero de 2020—, es provocada por un coronavirus (CoV) que es parte de una gran familia de virus que causan enfermedades que van desde el resfriado común hasta enfermedades más graves, la enfermedad puede caracterizarse como pandemia porque se ha extendido a varios países y en todo el mundo, según la Organización Panamericana de la Salud (OPS 2020) afectó a miles de personas por la emergencia de salud pública con el confinamiento y medidas de distanciamiento y restricción laboral (OMS 2020). Lo cual "ha manifestado las debilidades del capitalismo, especialmente en la producción, procesamiento, distribución y consumo de alimentos al caer en un desorden de crisis por hambrunas" (Van Der Ploeg 2020: 2).

La agricultura industrial se asocia a las diversas crisis —como la climática— que amenazan no sólo a la biodiversidad, sino que provoca la aparición de brotes de enfermedades zoonóticas que pueden dañar gravemente la salud pública, como la actual pandemia. En contraste, la agricultura campesina ha demostrado su idoneidad para recuperar rápidamente su capacidad productiva (Van Der Ploeg 2020: 17). De ahí la importancia de este modelo productivo, sobre todo en términos de alimentación, vinculado a las mujeres, de manera que la teoría del ecofeminismo constructivista es una alternativa que coadyuva a favor de las productoras, la naturaleza y su trabajo agrícola.

1.2 La agroecología y el ecofeminismo constructivista hacia la igualdad de género y la reconstrucción ante el COVID-19

En palabras de Hecht (1999) la agroecología inicia en los años 70 como un enfoque de la agricultura, ligado al medio ambiente y de producción responsable desde una perspectiva ecológica, evita el uso de agroquímicos en los ciclos productivos, mientras que la industrial o moderna no lo hace.

La agroecología es un movimiento que promueve prácticas agrícolas sostenibles y justas, se rige a través de diferentes principios: lucha por el derecho a la producción de alimentos sanos y preservar los recursos naturales: la tierra, el agua, las semillas, las plantas y las abundantes formas de vida que componen la biodiversidad, en este centro del movimiento se encuentran las mujeres campesinas como clave para transformar el sistema alimentario actual. Además, uno de sus principios es mejorar la economía de las mujeres y considera la salud de quienes producen la tierra. La agroecología fomenta un modelo de producción basado en relaciones justas entre sociedad y naturaleza, encaminada al logro de la soberanía alimentaria (Maisano 2019).

La teoría ecofeminista es una corriente epistemológica que se interconecta con la agroecología y cada una puede ayudar a la otra; por ejemplo, los principios de esta última se pueden aplicar en lo social, de manera holística al reconocer que hay sinergias dinámicas ante prácticas no explotadoras (Uyteewaal 2015) En ese sentido, "la soberanía alimentaria y la agroecología han demostrado ser excelentes compañeras de viaje del ecofeminismo" (Puleo García 2017: 5).

La teoría ecofeminista es impulsada por diversas activistas en respuesta a la crisis ambiental y social, "surge a finales de los 70 nombrado por primera vez por d'Eaubonne para referirse a la explotación de la naturaleza y de las mujeres en un sistema dominado por hombres que las concibe parteras de la agricultura" (Calvo 2018: 2). En los años 80's el ecofeminismo se expande con todas sus corrientes, una de las ecofeministas más importantes es Françoise d'Eaubonne, también Vandana Shiva es referente a nivel mundial, defensora de la custodia del territorio, la agricultura sostenible, y el mantenimiento de bancos de semillas tradicionales; Alicia Puleo considera que la sociedad femenina no tiene vinculación con el medio ambiente per se, pero el crecimiento económico hace inevitable la confluencia económica del feminismo y ecología; sumada a ellas se encuentra Yayo Herrera, que sostiene la imposibilidad del desarrollo capitalista en un mundo con recursos finitos, que además invisibilizan los trabajos que mantienen la vida humana como la producción agrícola o el trabajo reproductivo y propone una transición hacia un modelo sustentable (Novillo 2020). Por lo que, ambas opresiones de la naturaleza y las mujeres se deben a una lógica en común (Mies y Shiva 2013); de ahí que las dos están estrechamente vinculadas.

Los diversos tipos de ecofeminismos coinciden en la crítica del capitalismo y superioridad masculina que son causa de la invisibilización del género femenino. Para fines de la investigación se retoma el de tipo constructivista. El ecofeminismo constructivista menciona que "la asignación de roles, la división del trabajo, la distribución del poder y la propiedad despiertan un especial interés ecológico de las mujeres" (Saucedo 2020: 1). Asimismo, estos aspectos son el motivo de la subordinación de ellas y la naturaleza, así como del deterioro de su salud. La división sexual del trabajo origina mecanismos de dominio sobre los cuerpos de las mujeres, además las relaciones sociales son intervenidas de forma sexualizada, colonizadora, racista y clasista en cada una de las dimensiones de la organización social (Marchese 2019: 18).

El ecofeminismo constructivista busca fomentar un nuevo enfoque sistémico, que tenga en cuenta el conocimiento situado e inclusivo a partir del análisis de género y las diversas intersecciones y su relación con los sistemas de dominación a favor del cuidado de la vida. No es que las mujeres deban estar sólo en el ámbito reproductivo y se les obstaculice en lo público, tampoco que estén a cargo del cuidado de la vida, sino que se deleguen las responsabilidades a todas y todos por igual, y se ajuste la organización en los diferentes ámbitos para una transformación de la cultura (Trevilla 2018; Herrero 2021). Sobre todo, en tiempos pandémicos de cambios en la alimentación, en donde la reconstrucción de las crisis agravadas será trascendental.

Mientras las mujeres construyen para la vida y aportan a la salud del ambiente y de las personas desde sus conocimientos agrícolas, culinarios y de cuidados, el capitalismo atenta en contra de ellas, aunque su trabajo es la base de la economía campesina. "El COVID-19 visibiliza la manera integral en que las campesinas entienden la producción, alimentación y la salud; tres ejes interconectados, la producción fundamental para la reproducción de la vida, la alimentación entre producción, salud y cuidados, no como lo vende el sistema agroalimentario capitalista en términos de consumo, y la salud comprendida entre lo que comemos y el bienestar del entorno. Tanto la salud y la alimentación están tradicionalmente en manos de mujeres rurales y forman parte del trabajo de cuidados" (Artacker et al 2020: 1).

La pandemia del COVID-19 agudizó las crisis de cuidados que estaban latentes con una excesiva carga de trabajo para las mujeres (Nu. CEPAL 2020). "Los cuidados que ellas otorgan son importantes para el bienestar social y económico en tiempos de contagios. La labor está dictada por un régimen de familia que les delega esa responsabilidad, lo que perpetúa la supuesta maternidad innata replicado a una escala global" (Cárdenas 2021: 9). A esto se suman otros retos psicológicos y físicos que enfrentan en sus casas por el incremento de tareas; por ello, esta crisis sanitaria frenó los esfuerzos de las agendas de género para alcanzar la redistribución de labores para el bien de la sociedad.

El capitalismo patriarcal es un sistema interconectado el primero tiene un especial interés en obtener ganancias que se refuerza con el patriarcado en donde el hombre prevalece en todos los sentidos que subordina a las mujeres (Martínez 2011) y socavan y explotan los recursos naturales, atentando contra los derechos humanos para así poder cumplir su ciclo de producción, distribución y consumo; de la misma manera, la mercantilización de los cuerpos de las mujeres se consolida en una sociedad consumista que las considera objetos de oferta y demanda. Este modelo de desarrollo les asigna el rol de la reproducción biológica y de cuidados (Saucedo 2020). El mismo patrón de comercialización de los cuerpos de las mujeres sucede con la materia prima extraída de la naturaleza, cuyos productos son transformados mediante la tecnología, mercantilizados y explotados para comercializarse indiscriminadamente y generar alimentos procesados peligrosos para la salud que atentan al medio ambiente (Cortes 2019). Ambos sucesos —la mercantilización de sus cuerpos, la sobreexplotación de la biodiversidad para producir comida modificada— conllevan a daños hacia la naturaleza y las mujeres, donde se privilegia simplemente lo económico.

Por otro lado, las Naciones Unidas (2022) señalan que la igualdad y la no discriminación son principios fundamentales de los derechos humanos. Los derechos humanos son un conjunto de facultades que se sustentan en la dignidad, el valor de los ciudadanos y en la igualdad de derechos de todas y todos para el desarrollo de las personas, los cuales se entrecruzan con otros derechos que les son reconocidos a las mujeres: ciudadanía, educación, salud, participación política, información, trabajo, aspectos sexuales y reproductivos, acceso a una vida libre de violencia y a la justicia (Secretaría General Unidad para la Igualdad de Género 2017).

"La igualdad entre mujeres y hombres se establece como un derecho del artículo cuarto de la Constitución. A su vez, el artículo primero prohíbe toda forma de discriminación, lo que constituye el principio complementario del derecho a la igualdad. Sólo habrá igualdad de género si no se excluye a las mujeres, por ello este aspecto ha sido reconocido internacionalmente en la Declaración de México en la conferencia del año de las mujeres en 1975 y en la convención de la eliminación de formas de discriminación del CEDAW 1979" (Instituto Nacional de las Mujeres 2022: 1). Para aproximarnos hacia la paridad es conveniente anular estereotipos que perpetúan cadenas de subordinación porque es causa de la desigualdad. Siguiendo a Isabel Pla (2013), estos son verdades socialmente compartidas de ideas —o imagen que se tienen en común ante un grupo o sujeto en la sociedad— políticamente incorrectas, los aspectos que influyen en esto son la edad, estado civil, clase social, apariencia, nivel educativo y otros que conducen a la marginación.

"Las creencias y expectativas que conforman los estereotipos sociales de género incluyen rasgos de personalidad subordinación, dominio, roles, cuidadora, sustentador económico de la familia, profesiones, secretaria, empresario, mandatos, subordinarse a las necesidades y expectativas de los hombres, sobre demostrar siempre potencia y creer que su cuerpo es una máquina invencible, exigencias sociales, silenciar la fortaleza e inteligencia al ocultar las debilidades. En resumen, la feminidad se identifica con subordinación, entrega, pasividad y seducción, mientras que la masculinidad presupone poder, propiedad y potencia" (Pla Julián et al 2013: 23).

Ahora bien, ante las crisis sociales y naturales, el tema de organización de cuidados y trabajo doméstico invisible no remunerado, desde el ecofeminismo constructivista, se plantea una alternativa transformadora social y natural que vislumbra esperanza hacia la justicia que promueve la igualdad de género; no la supremacía de las mujeres sino orientado a los hechos justos en donde todos participen en el cuidado de la vida, especialmente de las mujeres y de la naturaleza.

1.3 El huerto familiar y las prácticas agrícolas de las mujeres para la alimentación

Históricamente las mujeres han participado activamente con los diferentes sistemas productivos, desde las parcelas del maizal hasta los cafetales, en distintos niveles y ámbitos con una participación alta en la agricultura, pues diversos estudios demuestran que son los pilares de pequeña escala, del trabajo campesino, y la subsistencia familiar especialmente son las arquitectas de los huertos (Valera 2022).

El huerto familiar es una de las primeras formas agrícolas en el continente americano, y ha perdurado porque es una opción profundamente arraigada al territorio. En el caso de México, los huertos familiares son los agroecosistemas más importantes para las familias campesinas y son parte de sus estrategias de autosuficiencia alimentaria. En estos se observa la identidad cultural y el aprovechamiento de recursos naturales de la familia (Gómez 2015).

Kumar y Nair (2006: 2) afirman que el huerto familiar es un sistema a prueba de tiempo porque se adapta a las necesidades contemporáneas de la familia. Mientras que Hernández-Sánchez (2010) hace referencia a que es una unidad básica de cada grupo doméstico, en donde las actividades productivas, sociales y culturales, se desarrollan como parte de la vida cotidiana. En suma, Howard (2006) menciona que tiene una base ancestral y contribuye con una diversidad de funciones que son la razón de la permanencia de los huertos.

Estos sistemas productivos han sido ampliamente estudiados, especialmente en la zona del Sureste de México; en donde tienen un arraigo tradicional considerable, pero han evolucionado a lo largo de los años. Son conocidos como solar, traspatio, patio, sitio o huerta y son de origen prehispánico. En la Sierra Madre de Chiapas al huerto se le nombra sitio o patio (Benítez Kanter 2017: 13). Por lo que se consideran espacios de conservación caracterizados por la gran cantidad de mano de obra que requieren y por la alta diversidad de especies que se manejan para la alimentación, materiales de construcción, recursos medicinales y un valor estético (Reyes 2014).

Los huertos familiares ocupan una porción de tierra que rodea la vivienda; se cultivan con la mezcla de múltiples especies de plantas perennes o anuales, a menudo en combinación con la cría de animales de traspatio; y son manejados por los miembros de la unidad doméstica para la autosubsistencia (Fernández y Nair 1986; Hoogerbrugge y Fresco 1993; Kumar y Nair 2004). Este sistema permite diversificar y ha jugado un papel notable en la domesticación de animales (Lok 1998; Eyzaguirre y Linares 2004). Antiguamente era la práctica de producción más frecuente del Sureste de México, tanto de vegetales, frutales y hongos, del cual se obtienen productos para los mercados locales (Mariaca 2012). Además, se encuentran en permanente proceso de desarrollo; las actividades del manejo de los sitios son ejecutadas por los integrantes de las familias y se dividen entre los dos sexos (Gómez 2015). Estas son las diversas prácticas agrícolas que se realizan en el huerto familiar.

Las prácticas agrícolas son un conjunto de actividades y técnicas para lograr producciones sanas, rentables y protegen al medio ambiente y a las personas. Como mencionan Díaz et al (2017: 25) "las buenas prácticas agrícolas consisten en la aplicación de conocimiento disponible para la gestión eficaz de riesgos sanitarios, fitosanitarios y medioambientales en la producción agrícola para hacerla más resiliente y sostenible promueven la salud y optimizan recursos". Sin embargo, "los regímenes neoliberales y los acuerdos comerciales han fomentado la productividad orientada a los mercados de exportación, al tiempo que aumenta la importación de alimentos baratos reduce el enfoque del consumo interno" (Van Der Ploeg 2020: 4).

Por otro lado, Vargas (2007: 11) señala que "las mujeres cafetaleras no sólo son comerciantes, artesanas y realizan tareas no remuneradas, sino que con todo y sus múltiples funciones, son pieza fundamental en la productividad del café orgánico". Fomentan prácticas agrícolas como el abonado, deshije, almácigo que favorecen los espacios de producción (Cárcamo Toalá et al 2010). Sin embargo, "los huertos se están reduciendo a costa de introducir patios de secado del aromático y equipo para la transformación postcosecha; la reducción del espacio y crianza de animales consideran el crecimiento poblacional y sucesión de tierras" (Benítez Kanter et al 2019: 199). De esta manera, los cafetales resultan prioritarios para los grupos domésticos mientras que los sitios poco a poco se han ido desvalorizando.

Miriam López afirma que "la vida cotidiana de las mujeres macehualli, o de clase baja en la población mexica, transcurría en su hogar y en el campo; cuidaban de su casa, cocinaban y colaboraban con su marido en la agricultura. En el siglo XVI se sabe que atendían a los animales y eran responsables de las hortalizas y campos de cultivo, además de recolectar frutos, transmitir saberes de madres a hijas (Morales 2021). "Desde la época prehispánica, se les consideraba débiles y sólo se quedaban a cuidar los hijos. Empezaron a tener habilidades con la tierra y se dedicaron a la recolección de vegetales y semillas, por lo que el origen de la siembra está en manos de las mujeres, menciona Meillassoux, los varones se quedaron con los conocimientos agrícolas y la sociedad femenina relegadas a las labores domésticas" (García y De la O 2021: 1). También Efraín Hernández Xolocotzi (1988), en su estudio de la participación de las mujeres en la selección bajo domesticación de plantas cultivadas en las regiones cálido-húmedas, al revisar estudios de caso en diferentes partes del mundo como los Yanomamo, los Cubeo, Kalapalo o en Sebei África, señala que los hombres se encargaban de la caza y la pesca mientras ellas tenían una amplia intervención en las actividades de las huertas. Concluye que son las encargadas de los huertos en la franja intertropical, donde se auspician principalmente especies productoras de órganos carnosos y propagación vegetativa. El valor de uso de los productos estimula la elección por calidad y cantidad de producción basada en orgullo individual de las mujeres por trabajo bien hecho, deseo de halago comunal y doméstico por su diligencia y satisfacción, y sensación de empoderamiento por la posición comunal y familiar lograda.

Como dicen Manzanero et al (2018: 230) "las mujeres plantan árboles frutales, hierbas, plantas medicinales y ornamentales; cuidan y trasplantan especies del bosque y se dedican al cuidado de gallinas, cerdos, borregos y chivos". El huerto es lo más revolucionario para las mujeres, señala Vandana Shiva (Red ecofeminista 2013). La agricultura es su principal fuente de empleo, pues constituyen el 41.9 % de la mano de obra agrícola según la Organización Internacional del Trabajo (OIT 2020). Aunque tienen un papel fundamental en la economía rural, enfrentan restricciones sociales, políticas y económicas; por ejemplo, menor acceso a la tierra, a la tecnología y apoyos de gobierno (Uyteewaal 2015). Además de que históricamente "la reforma agraria deterioró su condición en las zonas rurales, ya que el título era concedido al varón, salvo cuando las señoras enviudaban" (Hewitt 1979: 42), situación que prevalece en la actualidad.

Por otra parte, en el aspecto generacional, las adultas son quienes se encargan de las actividades domésticas y del huerto familiar. "Las jóvenes se dedican a estudiar y a las labores del hogar, cuando cumplen la mayoría de edad salen a trabajar o a completar sus estudios universitarios" (Benítez Kanter et al 2020: 28). De tal manera que, dar cuenta de cómo las mujeres participan significa valorar su papel en el campo y en el cuidado de la vida.

Según la Organización de las Naciones Unidas de las Mujeres, las productoras dependen de los recursos naturales y de la agricultura para vivir; además producen, procesan gran parte de los alimentos y son las responsables de la seguridad alimentaria (ONU MUJERES 2022).

Asimismo, están vinculadas con las actividades agrícolas en el huerto familiar, que derivan en prácticas alimentarias para su consumo o venta (Mariaca 2012).

Las mujeres han demandado el reconocimiento de su trabajo y la transformación de las relaciones de poder —basadas en el racismo y patriarcado—, para el cumplimiento de los derechos humanos (Rodríguez 2017). A través del movimiento social —la vía campesina—, el concepto de soberanía alimentaria adquiere relevancia en la autosuficiencia de los pueblos indígenas, sobre sus sistemas alimentarios y agrícolas, desde un modelo de producción sostenible con enfoque de género (La Vía Campesina 2021).

1.4 Estrategias agroalimentarias, economía del cuidado para la sostenibilidad de la vida y COVID-19

Las mujeres implementan estrategias agroalimentarias que mejoran la vida de sus familias. Como menciona Aguirre (2011), son tácticas domésticas para mantener o mejorar la alimentación y acceder a más cantidad y calidad de alimentos a partir de la diversificación. Lo anterior se basa en las atenciones que otorgan a la agricultura y a la familia. Por ello, retomo el paradigma de cuidado para la sostenibilidad de la vida, que considera aquellas actividades y prácticas necesarias para la supervivencia de las personas desde el cuidado directo de otros, limpieza de la casa, compras, preparación de comida; para la reproducción social, en donde estas labores no son remuneradas y a la vez hay una desigualdad de responsabilidades —mayormente asumidas por mujeres que se perciben con la organización de los cuidados en la sociedad— (Rodríguez 2015).

El concepto de economía del cuidado data de los años 70 y nace en la corriente de la economía feminista (Mora 2020); incluye el trabajo de las mujeres, "tanto del intercambio mercantil como del hogar, vinculado con la atención, y reproducción de sus miembros, labor que recae desde pequeñas porque están al frente de la casa; con la lógica de que el hombre produce y las niñas y adultas reproducen, ya que aportan un 71 % a esta labor" (Observatorio gire 2020: 1). Por ello no ha existido justicia social para la sociedad femenina, pues existe una desigualdad evidente que las supedita a las tareas reproductivas. Siguiendo a Mora (2020: 3), "un punto clave para lograr la igualdad de género es reconocer, valorar los cuidados y el trabajo doméstico no remunerado a través de políticas públicas de protección que promuevan la responsabilidad compartida en la familia y el hogar". Porque permanecen en las mujeres, no sólo por su carácter biológico- reproductivo sino también por su contribución esencial a la sostenibilidad de la vida, entendida como la preservación y continuidad a partir de condiciones estables y de calidad tanto en lo social y ecológico fomentado por cuidados (Carrasco Bengoa 2016). Ahora, ¿qué pasa con las labores de cuidados y las prácticas agroalimentarias en un contexto de crisis por la pandemia del COVID-19? Situación que les provoca estrés, agotamiento y afecciones a la salud (Observatorio gire 2020). Además, la Comisión Económica para América Latina y el Caribe hace mención de que son exclusivas de brindar atenciones y por eso tienen pocas posibilidades de incorporarse al empleo formal, aunque hay quienes sí se incorporan se debe a un cambio cultural o por la necesidad de generar ingresos económicos (CEPAL 2020).

Por otro lado, "antes de la pandemia por COVID-19 México ya vivía un contexto de múltiples desigualdades sociales como racismo, marginación, neoextractivismo, resultado de políticas neoliberales, que destruyen los territorios rurales e indígenas principalmente perjudica a las mujeres como población vulnerada que ha enfrentado un reto más: preservar la vida en un contexto global de pandemia" (Jiménez y Olivera 2021:18)

La pandemia provocó que las relaciones de género se trastocaran y que las mujeres sean "las más vulnerables a la inseguridad alimentaria y pobreza, lo cual atenta a la sostenibilidad de la vida" (Centro Latinoamericano para el Desarrollo Rural 2021: 1). Actualmente hay "escasez de alimentos y precios altos para los consumidores, que son acumulados como riqueza en los imperios alimentarios" (Van Der Ploeg 2020: 20).

Como señala este autor, los imperios alimentarios controlan la producción, procesamiento, distribución y, cada vez más, el consumo de alimentos. El objetivo es apropiarse y centralizar su valor. "Existe un sistema alimentario que genera desigualdades en donde hay interdependencias. Los sistemas alimentarios son flujos organizados de bienes y servicios que van desde la producción al consumo final" (Van Der Ploeg 2020: 6). Asimismo, hay "empresas que producen ultraprocesados que donan comida nada saludable a comunidades indígenas, que impactan en el estado nutricional con la obesidad y diabetes que hacen que los sistemas inmunológicos sean propensos a los efectos del COVID-19" (Chandrasekaran et al 2020: 68).

Van Der Ploeg (2020) hace referencia a que la desnutrición será de un lado, y la destrucción masiva de alimentos por el otro; por ello muchos migrantes buscarán trabajo estacional en la agricultura para poder sobrevivir. De ahí la importancia de las estrategias agroalimentarias que forman parte de los múltiples cuidados que tienen las mujeres en tiempos de pandemia. La sobrecarga de labores de cuidados directos —cuidado de personas— e indirectos —limpieza de la casa, por ejemplo— aumentaron para la sociedad femenina, reduciendo su autonomía económica y el tiempo para sí mismas (CEPAL 2020). En ese sentido, esta crisis ha sido un reto para las familias cafetaleras porque hay un impacto en las zonas de alta producción del aromático como el caso de Chiapas, específicamente en la Sierra Madre.

1.5 El café orgánico de Chiapas

El café ha representado un 41 % del total nacional de producción. Chiapas es uno de los principales productores y exportadores de México, con el 60 % de trabajadores indígenas y la participación de 88 municipios cafetaleros en 15 regiones socioeconómicas (Instituto del Café de Chiapas 2019). La introducción del aromático en la Sierra Madre fue un acontecimiento significativo por la forma de explotación de la tierra, que trajeron los europeos que colonizaron hace más de 100 años y que cambiaron estos territorios (Bartra 1995). Montoya y Toledo (2020) mencionan que, en el siglo XVIII, en los huertos de la población indígena, se encontraron indicios de la presencia de plantíos de café, al parecer únicamente para consumo familiar. A inicios del siglo XX, la zona del Soconusco y la Sierra eran las únicas dos zonas cafeticultoras del estado (Martínez-Torres 2006). Con la llegada del aromático se fomentaron empleos y se disminuyó la migración (Pérez-Grovas 1998).

No obstante, según Bartra (1995), en la década de los 70 aparece el Instituto Mexicano del Café (INMECAFE), se disuelve en 1989 y deja a los productores sin recursos y apoyos (Café Imports 2021). De ahí es que surgen organizaciones productoras del aromático en la Sierra Madre de Chiapas (SMCH) a mediados de los 90, como alternativa para mejorar los precios y eliminar el intermediarismo al buscar mayor autonomía y obtener certificaciones y acceso a mercados internacionales.

1.6 El grupo organizado de mujeres cafetaleras en la Sierra Madre de Chiapas ante el COVID-19

En 1995 se conforman organizaciones —por pequeños productores de café— con el fin de acceder a la asistencia técnica y recursos económicos del gobierno a través del Taller del Instituto Interamericano de Cooperación para la Agricultura (IICA 2017). Específicamente sobresale una ubicada en el municipio de La Concordia en Chiapas, México, la cual inició con 160 personas, de los cuales 47 fueron mujeres y 113 hombres. De esta organización se desprende un grupo de mujeres —para accionar hacia el Desarrollo Sustentable— como una Sociedad Cooperativa registrada en el acta constitutiva "que se integra por socias o esposas de los socios de la constitución más grande de etnias tsotsiles y tseltales" (IICA 2017: 6). "Todo comenzó cuando algunas se hallaron solas, al ser madres solteras o viudas, y para sacar adelante a sus familias iniciaron en 2010, conformadas por 30 productoras" (Mycoffebox 2021: 1). Actualmente la agrupación está compuesta por aproximadamente 20 mujeres que viven en distintos ranchos, barrios o comunidades del municipio de la Concordia en la región de la Sierra Madre.

La sociedad cooperativa como un modelo organizativo ha permitido que las socias (os) tengan responsabilidades obligatorias en cumplir con actividades que se requieren por pertenecer a la cooperativa y otras de tipo opcional que hacen referencia a las voluntarias. Las de tipo obligatorias se asocian a las actividades agrícolas como protección del agua, del suelo, conservación de la biodiversidad, productividad del manejo del cafetal, responsabilidad social que incluye pagar salario igual a mujeres y hombres, entre otras. De tal manera que, las mujeres pueden tener una mayor participación dentro de las cooperativas con su opinión y voto, además de tener disponibilidad de fondos de salud y recursos económicos que se obtienen de proyectos (Aguilar y Amezcua 2013). La unidad y capacitación permiten el crecimiento social y acción preventiva ante futuras problemáticas (Thompson y Valle 2012). La cooperativa formada exclusivamente por mujeres da cuenta de las condiciones en los cambios a nivel productivo (agrícola) y reproductivo (quehaceres del hogar) para las mujeres cafetaleras, porque poco a poco van compartiendo ciertas labores en el ámbito público junto con los hombres y de alguna manera su trabajo tiene la oportunidad de ser mayormente visibilizado.

Por otra parte, la pandemia por COVID-19 ha impactado al sector cafetalero con escasez de mano de obra, cese temporal de producción de café y restricciones sanitarias para exportar o comercializar, además del cierre de cafeterías por confinamiento (Pérez 2021). En contraste, para otras organizaciones el escenario actual pandémico incrementó la demanda del aromático en Chiapas con ventas foráneas nacionales e internacionales (Araujo 2020). Tal es el caso del grupo organizado de productoras cafetaleras, que aumentaron los pedidos en línea a nivel nacional y no tuvieron ningún contratiempo con la entrega del producto (entrevista a productora 2022).

Sin embargo, el impacto de la crisis por COVID-19 es diferente para las mujeres indígenas en América Latina y el Caribe, ya que se enfrentan a obstáculos para acceder a recursos productivos como el agua, la tierra, insumos agrícolas, financiamiento, seguros, entre otros, lo que les dificulta comercializar sus productos en los mercados. "La situación se ha vuelto más adversa con la pandemia; según proyecciones, millones de mujeres rurales corren el riesgo de caer en pobreza extrema" (ONU MUJERES 2020: 2).

Por eso, las investigaciones deben dar cuenta y considerar a las mujeres, y en particular a las indígenas, por ser un grupo vulnerable y excluido; "a pesar de ser las principales proveedoras de alimentos para sus familias, su situación en la pandemia es aún más grave" (Leyva et al 2020: 209). "Las cambiantes situaciones económicas, ambientales, sociales y culturales provocadas por el COVID-19 provocan cambios, por lo que dependen de la agricultura para su reproducción social y buscan nuevas estrategias que les permita su subsistencia" (Leyva et al

2020: 205). Chandrasekaran llama la atención y señala que en términos de derechos se debe democratizar y socializar nuestro sistema alimentario para reconocer el papel de la producción local de alimentos y de las mujeres, pues el 60 % es realizada por ellas. Por lo que no podemos depender de la agroindustria para alimentarnos" (Chandrasekaran et al 2020: 4), sobre todo en tiempos de crisis por pandemia.

Es vital reconocer la labor de las mujeres en el campo y visibilizarlas pues "hay un giro por volver a las prácticas agrícolas tradicionales, el cuidado del medio ambiente y el consumo de alimentos saludables" (Leyva et al 2020: 212). Con "la introducción de mujeres en lo laboral les da menos tiempo para labores domésticas y el huerto; asimismo, mayores ingresos y un estatus en la comunidad, cambian los valores culturales, los patrones de consumo y las preferencias de las plantas que cultivan" (Benítez Kanter et al 2019: 199). Mientras que, para otras, "la pandemia aumentó la sobrecarga de tareas no remuneradas, lo que imposibilita su desarrollo laboral" (ONU MUJERES 2020: 2).

Las familias cafetaleras no tienen espacios suficientes para producir los básicos —frijol, maíz—, debido a la introducción del cultivo de café (Benítez Kanter et al 2019). Sin duda aporta significativamente, pero ¿qué pasaría si el aromático dejará de ser redituable, mientras los huertos familiares son desplazados por la expansión de este? En ese sentido, "el Programa Mundial de Alimentos advierte que la crisis podría duplicar el número de personas que padecen hambre aguda, alcanzando más de 250 millones a finales de 2022" (Chandrasekaran et al 2020: 5). Van Der Ploeg resalta que "una pandemia de hambre sería el resultado, además de la creciente presión de alimentos industriales baratos que empujan a la precariedad y que conllevan a la migración laboral" (Van Der Ploeg 2020: 7). Si bien la fragilidad del sistema alimentario ya existía, con la pandemia se agudiza (Chandrasekaran et al 2020).

Por otro lado, la agenda política con perspectiva de género 2030 "para el Desarrollo Sostenible aprobada por los Estados miembros en el septuagésimo período de sesiones de la Asamblea General de las Naciones Unidas, en septiembre de 2015, estableció 17 Objetivos de

Desarrollo Sostenible (ODS) a ser alcanzados al 2030. En esta se reconoce la centralidad de la igualdad, los derechos y el empoderamiento de las mujeres en el desarrollo sostenible, a la vez se afirma que cada país dispone de diferentes enfoques, visiones de futuro, modelos e instrumentos para alcanzarlo" (Bidegain 2017: 8). Se considera a los pueblos indígenas como grupos vulnerables y el aporte de la sociedad femenina a la economía, con su trabajo productivo y reproductivo, en suma, se resalta la preservación de los conocimientos y prácticas para el sostenimiento de la vida especialmente en la nutrición. Mencionando que un punto clave para lograr la transformación es la igualdad, y se plantea un modelo de cambio para transitar hacia una reorganización justa de cuidados, fundamental para el logro de la agenda; además de reorganizar las labores productivas y reproductivas en las familias. También —en esta agenda— se hace hincapié sobre la alimentación para poner fin al hambre y promover la agricultura sostenible. Se abordan de manera más exhaustiva las problemáticas de los sistemas alimentarios en torno a cómo son producidos, comercializados, procesados, y quiénes acceden a estos. Si bien el objetivo es duplicar los rendimientos y los ingresos de los productores a pequeña escala —en particular de las mujeres—, se busca un acceso seguro y equitativo a las tierras, a recursos e insumos de producción, a los conocimientos, servicios financieros, mercados y otros.

"La meta 2.4 de la agenda se considera fundamental por el abordaje de este estudio ya que señala: asegurar la sostenibilidad de la productividad de alimentos y aplicar prácticas agrícolas resilientes que contribuyan al mantenimiento de los ecosistemas, fortalezcan la capacidad de adaptación al cambio climático y mejoren la calidad de la tierra y el suelo" (Bidegain 2017: 48).

La agricultura tradicional y la agroecología como ciencia, movimiento y práctica, es una alternativa de subsistencia de los pueblos indígenas que debe abordarse desde un enfoque de género; mujeres y hombres son esenciales en la soberanía alimentaria (Rodríguez 2017). De modo que esta investigación cobra relevancia al enfocarse al contexto actual de las productoras, en el impacto y transformación de los huertos familiares en medio de una pandemia.

Capítulo 2. Como se llevó a cabo la investigación

2.1   Razones del método

El método es el procedimiento para resolver alguna tarea, teoría o práctica. Antes de cumplir, se trazan acciones en esa dirección y se elige la mejor forma con la cual se propone alcanzar el objetivo. Los métodos son las vías, los procedimientos que crean las formas para lograr conocimientos, es equivalente a caminar hacia algo con un orden adecuado (Aguilera 2013). El método de esta investigación fue cualitativo con enfoque feminista. A fin de entender la metodología es necesario recalcar ¿existe un método feminista? Harding (1998), dice que sí: hay un modo diferente de hacer las cosas, que puede llevar a la transformación y emancipación de las mujeres desde el ámbito científico. En ese sentido, al hablar de investigaciones de carácter feminista habrá retos y oportunidades. Esta autora señala que, deben ser incluidas en el ámbito académico y científico, y desde las bases feministas aportar como productoras de conocimiento porque nada se ha hecho en el sistema convencional —patriarcal capitalista— que habla a partir de la masculinidad hegemónica, sin tomar en cuenta a las mujeres que tienen aportes (Haraway 1995); y con este contexto los problemas que aquejan a la sociedad sean abordados holísticamente, que al final se vuelve incluyente. Las teorías epistemológicas del feminismo en la investigación contribuyen a visibilizarlas y legitimarlas —desde un diseño que explica las problemáticas de los fenómenos sociales—, no sólo con su participación nata sino también al sensibilizar a los hombres del por qué se necesita el paradigma del feminismo, no únicamente en los estudios científicos sino también en otros ámbitos que nos conduzcan hacia la igualdad de género.

Es relevante la objetividad feminista para abordar cómo son creados los significados en donde se busque la posición de la persona, no de la identidad sin pretender ser el otro, pero viendo a partir del punto de vista del otro —conocimientos situados—; mirando desde abajo y comprender la represión, el olvido, la negación, con otras maneras específicas de observar, que son representadas en múltiples formas de vida (Haraway 1995).

Para la operacionalización de esta investigación, se utilizó el método de la etnografía. La etnografía es una descripción de un observable, se requiere distinguir la particularidad de lo observado en el contexto que adquiere significación; derivada de la mirada de quien observa, se refiere a la explicación reveladora de los sesgos de género identificables, orientada a las mujeres junto con la develación de lo femenino que está en el centro de la reflexión y que conduce a la observación de una cultura en particular. El desafío de la etnografía feminista es elaborar explicaciones e interpretaciones culturales que partan colocándolas en determinados contextos de interacción, así que se distingue por problematizar la situación de ellas al dejar de considerarlas solamente como informantes (Castañeda 2010); por ello resulta relevante etnografiar la experiencia de quienes han sido históricamente invisibilizadas.

Pérez-Bustos y colaboradores (2016) mencionan que las experiencias etnográficas tienen relevancia por la observación y expresión de los sentidos, a través del contacto. Las tecnologías de registro —por ejemplo, cámaras de video—, usadas con respeto y con el consentimiento de las personas, son importantes para entender esos "contactos", en donde las herramientas tecnológicas ayudan a recordar y fortalecer inquietudes o suposiciones que surgen después del proceso investigativo.

No obstante, durante el estudio, es conveniente señalar que se trabajó con personas de la etnia tsotsil y tseltal de diferentes barrios, ranchos o comunidades del municipio de La Concordia. Para lograr la integración de la gente se contó con el apoyo de la fundadora del grupo y de otras integrantes de la Sociedad Cooperativa de mujeres cafetaleras. Se les explicó con anticipación de la toma de fotos y grabaciones de video, para los fines del estudio; se hizo un convenio que consistió en darles publicidad sin costo con spots en diferentes emisoras radiofónicas de Chiapas para la difusión de su marca de café orgánico buscando la ayuda mutua y la plena colaboración para esta investigación.

2.2 Trabajo de campo

El trabajo de campo se llevó a cabo en una localidad del municipio de La Concordia que puede llamarse el centro en donde se encuentran las instalaciones de operación de las cooperativas cafetaleras y en nueve comunidades, ranchos y barrios que se ubican a una hora y media y dos horas del centro de esta localidad. Las visitas se hicieron en mototaxis y una camioneta contratada para conocer los huertos, realizar las entrevistas, toma de fotos y videos. De las 20 mujeres cafetaleras, cuatro de ellas viven en barrios del centro, mientras que el resto lo hacen en diferentes ranchos y comunidades (ver mapa 1). También se entrevistaron algunos de sus esposos e hijas (os), que forman parte de una organización más grande de familias cafeticultoras, de la cual se deriva el grupo. El día tres de enero de 2022 se realizó una primera visita, conocimos a las y los nuevos integrantes de las organizaciones y nos presentamos, exponiendo el objetivo de la investigación; aceptaron con gusto y motivación para el desarrollo del proyecto. El 18 de abril de 2022 inició el trabajo de campo; se presentó una carta de autorización informando la estadía en la comunidad, y se presentaron las actividades que se harían; además de señalar que en cualquier momento podían solicitar el retiro de su consentimiento, por lo que se dio por enterada a la presidenta con su respectiva firma y a las otras integrantes. Se tomaron en cuenta las normas sanitarias de ECOSUR por la pandemia. La investigación se desarrolló del 18 abril al 20 de mayo de 2022 en un periodo de 33 días en campo. Es conveniente mencionar que el 14 de octubre del mismo año se efectuó la despedida con ambas organizaciones, entregando los resultados, video y otras herramientas generadas en el proceso investigativo.

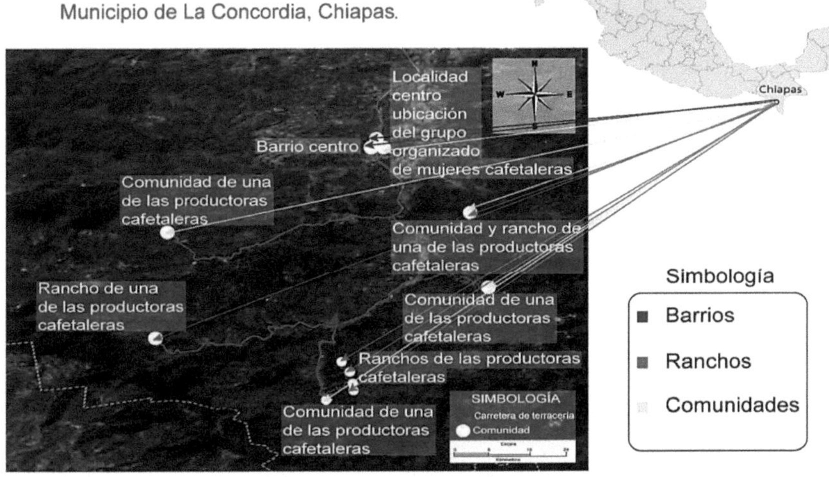

Mapa 1. El mapa de México y Chiapas, con la ubicación del grupo organizado de mujeres cafetaleras 2022. Fuente: elaboración propia; obtenido de Google Maps, Google Earth y referencias de un productor cafetalero 2022.

2.3   Talleres participativos

Después de generar lazos de confianza con la gente, se procedió a realizar el primer taller titulado "hacia la igualdad de género" realizado el 6 de mayo de 2022 con el objetivo de elaborar dos calendarios —uno por sexo— con las prácticas agrícolas que realizan en el huerto durante cada mes. Esto fue de manera participativa; aunque, en la entrevista se preguntaba respecto a ello, el taller sirvió para complementar y socializar conocimientos desde el compartir experiencias, además de que hubo algunas mujeres que no se conocían bien porque eran nuevas en el grupo. Se observó mucha participación e interés.

Se realizó también "la dinámica del marcianito" con el grupo de mujeres, sus esposos e hijas (os). Se comentó que el marcianito venía de otra galaxia y quería saber las características atribuidas a mujeres y hombres, lugares donde los encontramos. Se dividieron en equipos y al terminar expusieron sus respuestas, lo que generó información relacionada con los roles e inequidad de género, y su reflexión sobre el tema.

El taller "el plato de la buena alimentación" —agroecoalimentación— se
realizó el 19 de mayo de 2022, con el objetivo de elaborar la tabla de
estrategias agroalimentarias con enfoque de género. Se les preguntó
¿quién prepara la comida, hombres o mujeres? ¿quién produce los
alimentos? ¿de dónde provienen sus alimentos? ¿quién los compra? ¿en qué
temporada tienen más producción y escasez? formas de preparación —frito,
asado, hervido—, frecuencia de consumo de enlatados, refrescos, etcétera.
La mayoría de los asistentes a este taller fueron mujeres con sus hijas (os),
quienes anotaron sus respuestas en el rotafolio.

Al inicio se hizo una dinámica participativa de presentación de todas y
todos, y se les preguntó qué desayunaron ese día. Seguidamente se dividió
el grupo en dos equipos, para conocer su camino alimentario en las
diferentes etapas de vida —desde bebés hasta adultos—; lo que generó su
reflexión. Al finalizar esta actividad exhibieron sus respuestas, luego se les
presentó material audiovisual del impacto del COVID-19 en la agricultura,
la salud y alimentación, lo que llevó al conocimiento de la mala nutrición y
los productos procesados y de cómo nuestra comida ha ido cambiando de
acuerdo con diversos factores. Para continuar se expusieron distintos
rotafolios de las enfermedades que causan los aditivos y tóxicos que
contienen los enlatados; dicha información causó sorpresa en las personas,
agradecieron conocerla para repensar nuestros hábitos alimenticios y su
impacto. Luego se procedió a elaborar el plato de la buena alimentación —
agroecoalimentación—, con productos locales y que consideran nutritivos.
Al finalizar esta actividad se proyectó una presentación PPT del plato —
obtenido del campo a la mesa—, el valor nutritivo de cada grupo de
alimentos y el impacto en la salud y medio ambiente en tiempos
pandémicos.

2.4 Análisis de la información, alcances y retos

Para el análisis y clasificación de la información se utilizó el programa
ATLAS.ti, con el cual se contrastaron y cruzaron los datos derivados de las
técnicas de acopio de la investigación cualitativa; lo que permitió
sistematizar, organizar y codificar según las categorías analíticas y otras

emergentes. El análisis de las categorías consistió en seleccionar la información de las entrevistas para cada categoría. El programa generó archivos de informes y nubes de palabras que fueron las que más se repetían en las entrevistas representadas con un tamaño mayor o menor formando una nube; además, se obtuvieron relaciones de redes de los conceptos relacionados con la o las categorías, y con las emergentes, mencionadas constantemente como cafetales, preparación profesional de las mujeres —participación—, machismo, alcoholismo, acoso sexual o en el trabajo, violencia, capacitación laboral o agrícola, apoyo de los hombres en labores domésticas, salud, servicios públicos.

Este programa también ayudó a codificar fotografías y videos obtenidos del trabajo de campo y talleres. Además, se utilizó la hoja de cálculo Excel para sistematizar las respuestas de cada pregunta de la entrevista y obtener promedios o porcentajes de los datos cuantificables. Por otra parte, aunque en la comunidad se menciona que hay machismo, el hecho de llevar compañía facilitó el proceso. Mi pareja compartió su talento artístico en la fiesta del rancho San Isidro Labrador, y en el cierre del taller final, realizando una participación de canto, ya que la gente lo solicitó. Esto coadyuvó a relajar la mente y evitar el estrés, pues aunado a que era temporada de excesivo calor, las actividades se prolongaron a un poco más de tres horas de once de la mañana hasta las dos de la tarde.

Los alcances de la investigación se atribuyen a la calidad de información obtenida en entrevistas, fotos, videos, talleres, que permitieron el diálogo de saberes y participación de todas (os), en un periodo corto de tiempo. No sólo con el apoyo mutuo de la publicidad en radio —de la marca de las mujeres cafetaleras—, sino también con la facilitación y motivación para la asistencia de las integrantes y sus esposos e hijas (os) a los talleres, ya que al vivir lejos de las instalaciones de la organización cafetalera —y con difícil acceso al transporte—, por iniciativa propia se invitó algunas de las mujeres a comer al finalizar el primer taller además se cubrieron los gastos de pasaje de ocho mujeres que son las que venían de los ranchos o comunidades más lejanos. De este modo se generaron lazos de confianza, para poder convivir y que las puertas de sus casas se abrieran para nosotros.

Finalmente, hay que recalcar que para lograr esto en cualquier comunidad es trascendental ofrecer un apoyo mutuo; sobre todo en medio de una pandemia en donde convergen grupos vulnerables y existen diversas crisis. Es un reto enorme el buscar formas de colaboración —o de trabajo en equipo— apropiadas que puedan aportar a los intereses comunes de un grupo.

Capítulo 3. Resultados obtenidos

3.1 Marco contextual

El municipio de La Concordia se encuentra en la región VI La Frailesca, en la Sierra Madre de Chiapas (Instituto Nacional de Estadística y Geografía 2020). Es un territorio cafetalero de importancia, donde convergen "productores sustentables con una alta biodiversidad y consolidan su organización dentro de áreas naturales protegidas" (IICA 2017: 2). Las personas que viven en este lugar están sujetas a producir de manera responsable y conservar la naturaleza con un proceso de producción orgánica sustentable.

3.2 Multilingüismo, escolaridad y religión

Todas las personas entrevistadas (os) del grupo organizado de mujeres cafetaleras y sus familias hablan español: siete combinan el español con el tseltal o tsotsil; un varón domina tres idiomas —español, tseltal e inglés— ya que trabaja en el área de ecoturismo. Existen 12 con estudio de primaria, algunas (os) primero, segundo, tercero, cuarto, sexto grado; cinco con secundaria concluida; otras cinco no tienen estudio; y cuatro cuentan con el bachillerato terminado. Hay dos jóvenes que estudian la universidad, uno en la licenciatura de contaduría pública y otra joven estudia la carrera de psicología en Tuxtla Gutiérrez.

Una de las integrantes del grupo organizado es licenciada en administración de empresas, no ejerce la profesión y reside en el centro de la localidad. Ellas mencionaron la necesidad de poder acceder a la educación profesional, porque la mayoría no terminaron los estudios básicos. Una productora mencionó: "era mi sueño terminar mi carrera. Yo recuerdo que me ponía a llorar y me quería ir del rancho, pero mi papá no lo permitía ya que decía que eso era para hombres, y que me quedara en la casa. Ahora mis hijos sí les doy la libertad y los apoyo para que estudien" (entrevista a cafetalera 2022).

Respecto a la religión, 19 personas son católicas, las demás son cristianas de diversas denominaciones: adventistas, nazarenos, del séptimo día, pentecostés, y otras que se denominan como sólo creyentes.

3.3 Entorno de bienestar familiar y algunos problemas de la comunidad

Las viviendas que se encuentran en barrios, comunidades o ranchos del municipio de La Concordia, generalmente son de block, cemento firme, de madera, lámina, ladrillo y de nylon, tienen espacios para cuartos, cocina, sala, corredor, huertos, traspatio o patio de secado del aromático que está enfrente de la casa o a un lado. Cuentan con el zarandón[1] o zarandas para no secar los granos en el suelo, sino con mallas y camas africanas, un espacio de beneficio húmedo. También tienen radio, televisor, refrigerador, estufa, lavadora, celular, ventilador, equipo de radiocomunicación, de sonido, trastes, cafetera, entre otros artefactos.

Parte de los problemas es la falta de servicios públicos como agua y luz, ya que hay temporadas de escasez y fallas en el suministro de energía eléctrica, el drenaje es otra de las dificultades, la carreteras en temporada de lluvia se cierran por los efectos del agua sobre la tierra que vuelven peligroso el camino y no permiten pasar, especialmente para ir a los ranchos lejanos; otras cuestiones consideran los accidentes como derrumbes de cerros por ejemplo, el alcoholismo, la falta de atención médica, desempleo; machismo en comunidades más apartadas porque sus esposos no les permiten salir ni participar en eventos.

3.4 Actividades económicas, principales y secundarias, de mujeres y hombres

La principal actividad económica de los varones es la producción del café orgánico. Todas las mujeres del estudio son dueñas de una parcela de cafetal, adquirida por herencia, aunque se dedican principalmente a las labores del hogar —trabajo doméstico o reproductivo que incluye el cuidado de familiares de la tercera edad, pequeños y enfermos—; también son responsables del huerto y animales de traspatio. Para las productoras las labores se incrementan cuando es la cosecha del aromático o la milpa, ya que algunas aún siembran maíz, frijol y calabaza, en pocas cantidades en particular las mujeres adultas. Las mayores están encargadas exclusivamente de la casa y requieren ayuda de sus familiares para seguir produciendo en sus cafetales o en sus huertos. Las (os) jóvenes generalmente estudian la educación básica o universidad y en ciertos momentos apoyan en lo agrícola. De las integrantes hay quien funge con un puesto de auxiliar administrativa y está casada; dos son tostadoras y catadoras de las organizaciones cafetaleras, el esposo de una de ellas apoya en las ocupaciones del hogar y en la agricultura; una joven es estudiante universitaria y vive en unión libre con su pareja; una señora, que es madre soltera, se dedica a los quehaceres domésticos; dos son casadas, con bebés recién nacidos; trece señoras realizan actividades secundarias como venta de comida, pan, pizza, tamales o postres, hacen voluntariado en la clínica, elaboran artesanías con bordados de zapatos, costura de ropa, empleadas diversas, vendedoras de frutas y/o producciones de sus ranchos, de cosas por catálogo; tres personas tienen cargos especiales en la cooperativa —fundadora del grupo, presidenta y tesorera—. Se encontró que dos de los esposos ofrecen servicios de guías de turistas pues hablan inglés; un varón domina la albañilería, otros varones a veces se ocupan en la carpintería, y un señor que de repente trabaja en el sector del transporte -generalmente destinado a los hombres-.

3.5 Suelo, principales cultivos y calendario del ciclo agrícola del huerto familiar

El uso del suelo es principalmente agrícola, del bosque el 70 % corresponde a terrenos ejidales y el resto a propiedad privada y áreas nacionales (Instituto Nacional para el Federalismo y el Desarrollo Municipal 2021). Es un elemento primordial para la producción, y en consecuencia para la alimentación; por ello se procedió a realizar pruebas de pH en los huertos de dos comunidades de La Concordia. El pH se define como la cantidad de iones de hidrógeno libres presentes en el terreno y se expresa con el concepto de acidez, que va de acuerdo con la siguiente escala:

1.	Ácido hasta 6.5
2.	Neutro 7
3.	Básico o alcalino a partir de 7.5

Estos valores se usan para medir la alcalinidad o acidez del suelo, donde el 7 sería neutro o ligeramente ácido. En general las hortalizas crecen bien en este tipo de piso, pero los que son excesivamente ácidos o alcalinos pueden bloquear los nutrientes que las plantas necesitan absorber (Futurcrop 2020).

Se realizó la prueba con el método de las tiras de pH, se tomó una muestra de suelo en un recipiente para luego sumergir una de las bandas en agua destilada. Después de unos segundos la tira indica el color y grado de acidez o alcalinidad. Para el caso de las comunidades examinadas no hay diferencia porque el valor está entre 6 y 7, que representa suelos ácidos a neutros. Es decir, buenos y aptos para los diversos cultivos (ver fotografía en anexo 3.10 del trabajo de campo). En los otros ranchos, que se encuentran fuera del centro del lugar de estudio, "el suelo es muy variable, tienen tierra negra, arena, barro y arcilla, terrenos con pendientes fuertes o moderadas, la altitud va desde 900 a 1650 msnm" (Aguilar y Amezcua 2013).

Las productoras mencionaron que el color del suelo indica si favorece o no la producción de cultivos, si la tierra es buena será negra; "porque tiene más y mejores nutrientes de calidad, también se hace la rotación de cultivo lo que mejora el suelo" (entrevista a cafetalera 2022), además, compostean y abonan al usar cáscara de huevo, de frutas, o con abonos que compran con la organización grande de cafeticultores ya que estos son elaborados con asesoría de instituciones de investigación como ECOSUR y han implementado biofábricas en algunas comunidades y ranchos de las mujeres, porque han tenido asesorías en temas de nutrición, enfermedades y plagas. Todo es un ciclo en donde todo se reutiliza ya que la pulpa del café es acarreada para abonar al huerto.

Los ranchos se encuentran a diferentes niveles altitudinales y por ende con variaciones de clima. Los huertos tienen variedad de mezclas de colores de la tierra: negra, colorada, amarilla y roja parecida al barro o arenosa, la cual dicen que rellenan con tierra obscura para el crecimiento de sus cultivos. De esta manera se dice que "las plantaciones crecen mejor en un suelo limoso, semihúmedo, donde hay brosa y sombra, o que son abonados" (entrevista a cafetalero 2022).

El principal cultivo es el café, y diversifican con maíz, frijol, calabaza y otros productos del huerto. En una comunidad que se encuentra a una hora del centro, se encontraron dos familias que poseen un área dedicada a su cafetal, otra para el sitio y su maizal. Existen dos casos que hacen su milpa dentro de los huertos con una cosecha anual, cuando se termina siembran distintos cultivos. En los sitios, generalmente cercanos a sus casas, se observan las plantas medicinales, ornamentales o flores alrededor de sus viviendas. Los cafetales son importantes porque además tienen otras variedades para complementar la alimentación familiar, siempre que estén disponibles en diferentes épocas, hay árboles frutales que dan sombra como la naranja (Rutáceae) (*Citrus aurantium*), plátano (Musaceae) (*Musa spp.*), mandarina (Rutáceae) (*Citrus spp.*), mango (Anacardiaceae) (*Mangifera indica*). Respecto a las principales especies que permanecen todo el año, en los solares, se encuentran el limón (Rutáceae) (*Citrus sp.*), epazote (Amaranthaceae) (*Dysphania ambrosioides*), cebollín (Amaryllidaceae) (*Allium),* lima (Rutaceae) *(Swingle),* hierbamora (Solanaceae) (*Solanum sp.*), chile (Solanaceae) (*Capsicum annuum L.*)[2], por mencionar algunos usados en la elaboración de alimentos. En la siguiente imagen se observa un calendario de las especies del huerto que están en cada temporada.

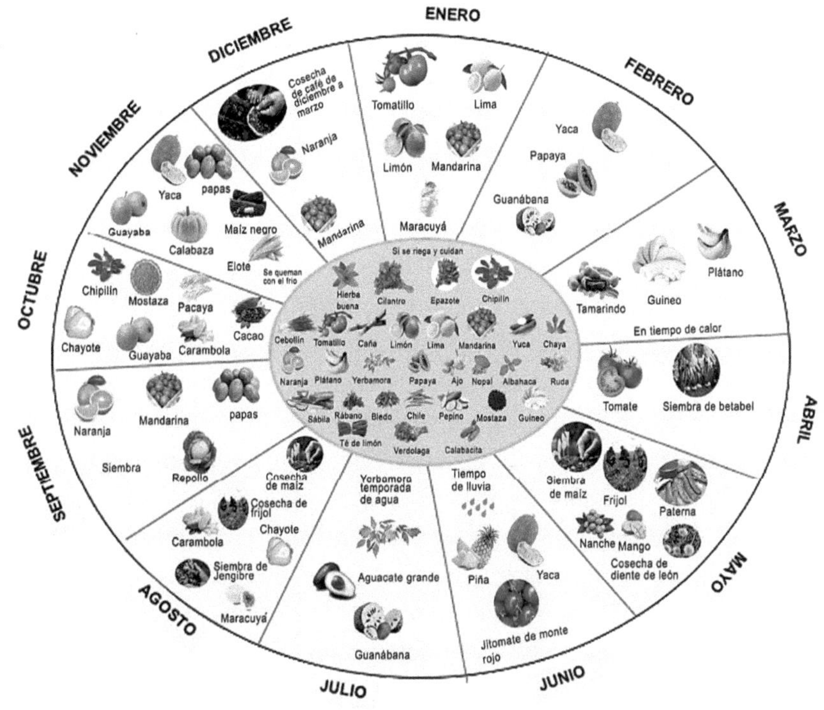

Figura 1. Calendario del ciclo agrícola del huerto familiar por cada temporada, y al centro los que permanecen todo el año.
Fuente: Trabajo de campo 2022.

Este calendario anual del huerto familiar representa variedad de productos alimenticios que se encuentran en cada temporada para las familias cafetaleras. Se observan árboles frutales, especies vegetales, semillas, tubérculos y otros importantes para la alimentación. Varían de acuerdo con el clima, por los periodos de seca de marzo a mayo, o en tiempos de lluvia se incrementan las producciones y se aprovecha a sembrar porque generalmente en La Concordia el ambiente es caluroso. Con las lluvias tienen diversidad de cultivos, que inclusive perduran hasta finales del año. Los que aparecen al centro de la figura 1 pueden ser usados siempre, en especial si les brindan los cuidados que requieren con las —prácticas agrícolas—, riego, control de plagas, de luz, por ejemplo.

3.6 Ciclo de desarrollo del grupo doméstico

Es conveniente analizar y comprender las dinámicas de organización de los grupos domésticos, en relación con su ciclo de desarrollo; aquellos conformados por familias nucleares —mamá, papá, hijas e hijos—, o familias extensas de dos o más familias nucleares; por ejemplo, cuando se casan los hijos varones y llevan a su esposa a vivir en el rancho con los padres del esposo. Los grupos domésticos tienen relación con la naturaleza y las formas de relacionarse varían de acuerdo con su ciclo de desarrollo. El ciclo de desarrollo es un proceso dinámico, el grupo doméstico se puede componer por una autoridad o jefe, se conforma por una o más familias nucleares, en la que comparten actividades y es posible que coincida con el grupo de producción y consumo ya que éste se entiende como la formación y desarrollo de la familia residencial, que según Fortes comprende tres fases: una de expansión, de dispersión, fisión y reemplazo; la fase de expansión inicia con el matrimonio, hasta que completan su familia con la procreación; los hijos son dependientes de los padres, la de dispersión o fisión comienza con el matrimonio del hijo mayor y se concluye cuando se casa la última de las hijas (os); y, finalmente, la de reemplazo que termina con la muerte de los padres (Estrada Lugo 2011).

Siguiendo a Estrada (2011), generalmente los grupos domésticos están regidos por un principio patrilineal, base de la organización social interna de comunidades originarias cuyas relaciones del parentesco consanguíneas y rituales —compadrazgo— tienen proyección en la organización del territorio, tanto a nivel familiar y de los sistemas productivos, del consumo y de residencia; así, las relaciones del parentesco patrilineal son un principio dominante de organización para la apropiación y construcción del territorio natural y social, por lo que es fundamental entender esos principios organizativos que sustentan los grupos domésticos y sus arreglos "lo que significa una configuración de las áreas agrícolas y de las relaciones sociales que se revelan en acciones colectivas como los solares, las parcelas" (Estrada Lugo 2011: 63).

Para esta investigación se delimita al grupo doméstico desde el criterio de residencia, a partir de las personas que viven en la misma casa —que incluyen a las hijas e hijos ya casados que viven en una misma vivienda con sus padres— los cuales pueden o no coincidir con el grupo de producción —actividades productivas— y consumo —quienes comen de la misma olla— que mantienen arreglos sociales de acuerdo con normas organizativas (Robichaux 2005; Estrada Lugo 2011). Por ello, en "la reproducción social existe un conjunto de valores que se reproducen manifestándose empíricamente en la forma de grupos domésticos y de parentesco con características determinadas" (Robichaux 2005: 299). Este mismo autor señala que "el concepto de Fortes de reproducción social en el contexto de ciclo de desarrollo no se refiere a otros tipos de reproducción de la sociedad, sino que podría llamarse reproducción cultural de los grupos de procesos particulares de sociedades. De tal manera que, el ciclo de desarrollo explica el fenómeno familiar como un fenómeno dinámico, es decir, un proceso que está remitido a valores arraigados a las tradiciones culturales" (Robichaux 2005: 305).

Ante lo expuesto —en cuanto al ciclo de desarrollo de los grupos domésticos de mujeres cafetaleras—, existen 21 familias que se encuentran en la primera etapa de expansión cuyas hijas (os) son independientes de los padres, es decir, que ya están casadas (os). Cuando la familia está recién formada —en su primera etapa—, y se tienen hijos pequeños, la situación en las labores en el sitio se complica, especialmente para las mujeres, porque algunas suspenden su trabajo agrícola; aunque hay casos que cuentan con el apoyo de sus esposos o parientes. En la etapa del ciclo de desarrollo en expansión, niños y niñas comienzan ayudando desde los cinco años, acarrean la tierra, riegan, cosechan, hay quienes se suben con agilidad a los árboles y cortan sus frutos; en especial de la paterna, fruto de muy buen sabor. Sin embargo, hay un caso de una hija casada que vive con su esposo e hijo con sus padres en la misma casa. Respecto a la segunda fase de dispersión, o fisión del ciclo de desarrollo del grupo doméstico, con el matrimonio del hijo (a) mayor —que se concluye con el matrimonio de los demás hijos (as)— se encontró a cinco familias en donde los padres —ya mayores de edad— reciben ayuda económica o de mano de obra con los quehaceres de la casa por parte de las hijas (os) casadas. En la fase tres de reemplazo —muerte de los padres—, se encontraron dos casos de personas que trabajan en el huerto, y continúan sembrando, cuidando de los animales de traspatio o se dedican a regar.

El promedio de integrantes de las familias cafetaleras es de cinco personas, aunque hay casos que viven siete o nueve personas; en una vivienda se contabilizó —incluyendo yernos— hasta once personas en una misma casa. Es común que puedan vivir juntas de tres a cuatro familias, especialmente en los ranchos o comunidades que están más lejos pues constituyen grupos domésticos con familias extensas que poseen relaciones de parentesco.

Es vital entender estos procesos ya que la cantidad de miembros que pueden colaborar en el trabajo del cafetal —o en las tareas de la casa y actividades del huerto familiar— influye en los cuidados de sus sistemas productivos; si se tienen hijos pequeños seguramente las mujeres no tendrán mucho tiempo para atender el sitio, a menos que tengan redes o en su grupo doméstico les brinden ayuda; por ejemplo, sus hermanas, cuñadas o suegra. De ahí la importancia en destacar el ciclo de desarrollo del grupo doméstico, como una categoría de análisis de esta investigación; puesto que lo reproductivo socialmente, y productivo, está íntimamente relacionado y ambos influyen el uno sobre el otro. A continuación, se presenta una tabla con datos generales para comprender el contexto antes presentado.

Edades de las mujeres entrevistadas	Lugar de nacimiento y desde hace cuánto tiempo radican aquí	Sobre su estado civil (mujeres y hombres)	Promedio de edad en el que comienzan a trabajar (mujeres y hombres)	A qué edad se casan (mujeres y hombres)	Cuántas personas trabajan en casa (mujeres y hombres)	De quién es la vivienda
La menor tiene (22 años)	Son originarias de La Concordia, aunque algunas mujeres han llegado de comunidades cercanas	La mayoría están casadas (17 personas)	A partir de los 12 años desde pequeñas sus padres las llevaban al cafetal y las inducían a trabajar	Edad promedio en que han contraído matrimonio es a los 20 años	En promedio son dos personas por familia generalmente el hombre del hogar trabaja	La vivienda pertenece generalmente al esposo
Las mujeres mayores tienen (64, 65, 73, 78 años)	Los padres y abuelitos han venido de diversos lugares como San Cristóbal de Las Casas, Finca Cuxtepec, Jaltenango, Venustiano	En unión libre (siete personas)		Hay personas que se casaron a los 12 y 14 años	En algunos grupos domésticos las mujeres trabajan en la oficina de la organización cafetalera o dando un servicio en un hospital u otras actividades	En algunos casos la dueña o dueño de la vivienda es la esposa, el suegro, la suegra, la abuela o el ex patrón que fue dueño de la propiedad y es

	Carranza, Tenejapa, Huixtán, Tapachula, Villacorzo, Villaflores, Oaxaca, Puebla, Siltepec, Rancho Buena Vista, Rancho Minatitlán		secundarias económicas que realizan	de nacionalidad alemana de una empresa en donde la familia cafetalera trabajó desde hace muchos años y les regaló una casa para vivir
La media de las edades de las mujeres es de 44 años	La mayor parte de las personas entrevistadas han llegado a finales de los años 80's a 90's	Dos son viudas		
	Hay algunas personas que desde hace un par de años viven ahí	Dos son madres solteras		

Tabla 1. Datos sociodemográficos.
Fuente: trabajo de campo 2022.

Con esta tabla podemos entender las variables que configuran el ciclo de desarrollo del grupo de mujeres cafetaleras. En el momento del trabajo de campo se encontraron a tres jóvenes en periodo de maternidad y se observó que estaban más enfocadas en el cuidado de sus recién nacidos que en las actividades agrícolas u otras labores.

En cuanto a la edad, la menor del grupo de las mujeres cafetaleras tiene 22 años, siete oscilan entre 30 y 40, ocho de 40-50 años, dos de 60-70 años y dos de 70 a 80 años; por lo tanto, el promedio de edad es de 45 años. De las 20, 17 están casadas, siete viven en unión libre, dos son viudas y dos madres solteras. Estos datos son importantes para reflexionar y encaminar estudios en torno al ciclo de desarrollo de los grupos domésticos, y la relación con la salud reproductiva y alimentación saludable de las productoras asociada a sus cosechas locales, en especial las del huerto familiar.

3.7 Tenencia de la Tierra

El promedio de hectáreas de las mujeres cafetaleras y sus esposos es de 3.5 ha. De las mujeres entrevistadas cada una posee una hectárea de tierra propia, además de la fracción de tierra que posee su esposo. Las cuales fueron adquiridas en los años 80's y 2000. De las 28 personas entrevistadas —mujeres y hombres— 21 obtuvieron las tierras por herencia, cuatro las compraron, dos poseen una parcela prestada y una más se mudó a vivir ahí. Es fundamental destacar que todas tienen acceso a la tierra, ya que son dueñas de sus parcelas de café; la forma de tenencia es privada. Las familias dicen que la herencia es por igual a hombres y mujeres, cuatro dijeron que le heredan al varón y un individuo a su esposa. Mencionan que comúnmente no se prestan la tierra entre familiares; sin embargo, nueve mencionaron que sí se la prestan con sus hermanos u otros parientes. En cuanto al acceso de la tierra del área de los huertos, todos los familiares señalan ser dueños de este sistema de producción; no sólo las productoras son propietarias, porque toda la familia aporta y se dividen el trabajo agrícola. Aunque ellas hacen la mayor parte de los trabajos, los esposos e hijas (os) también apoyan.

3.8 Migración

La migración ha sido un factor histórico notable. En el municipio de La Concordia se ha quedado a vivir gente de los Altos de Chiapas, que originalmente iba en busca de trabajo en la producción de café. A continuación, se presenta una tabla en donde se analiza el fenómeno de la migración:

De las 28 personas entrevistadas, mujeres y hombres que han migrado hacia otro lugar, tenemos que:					
(5) Sí han migrado	Hacia el estado de Querétaro hace cinco años	Hace 29 años una de las mujeres migró, es originaria de Guatemala y se fue a vivir a una comunidad de La Concordia	Un varón cafetalero menciona moverse a San Cristóbal de Las Casas de 10 a 15 días (temporalmente) por trabajo	Una de las mujeres cafetaleras migró a Monterrey, Nuevo León, hace 14 meses, para trabajar en un Oxxo	Una de las familias dice que bajan de una finca hacia el centro de la comunidad
(23) Personas no han mi rado					

Tabla 2. Lugares de migración de familias cafetaleras.
Fuente: trabajo de campo 2022.

La mayor parte de personas mencionan que no han migrado y quienes lo
han hecho ha sido hacia Querétaro, hace cinco años lo hizo un varón.
Además, una de las mujeres cafetaleras se vino desde hace 29 años de San
Marcos, Guatemala a La Concordia — por el trabajo de café— y se casó
con un productor cafetalero de la zona Altos que se encontraba en esta
región. Otros nacieron en San Cristóbal de Las Casas y se fueron a vivir a
este municipio. Un productor menciona migrar por temporadas a San
Cristóbal por razones de trabajo. Una de las mujeres del grupo de 22 años
migró de La Concordia a Monterrey, Nuevo León en busca de empleo para
trabajar en un Oxxo y a su regreso inició labores —con funciones
administrativas— en la organización cafetalera de mujeres. Las familias que
viven lejanas al centro constantemente bajan a comprar sus cosas o realizan
actividades en Nuevo Paraíso, La independencia, San Cristóbal, y
comunidades con más tiendas y servicios para autoabastecerse.

En algunas familias, cuando el varón migra temporalmente por trabajo, la
esposa se queda a cargo del huerto familiar y de la parcela de café del
esposo como la de ella, además de la milpa y frijol para quienes aún
cultivan estas especies, de los quehaceres domésticos, trabajos de cuidados
a otras personas o de actividades secundarias remuneradas. En estos casos
se nota el apoyo de las hijas (os), o de parientes. A veces la situación puede
complicarse si las hijas (os) se encuentran trabajando o estudiando fuera y
la mamá y papá son adultos mayores; entonces las familias contratan mano
de obra para trabajar en los sitios o cafetales; existen mujeres que se ven
impedidas en seguir realizando las labores productivas.

3.9 Apoyos gubernamentales, de instituciones y capacitaciones durante la pandemia

Del grupo de mujeres organizadas, se tiene que nueve personas no cuentan
con ningún apoyo gubernamental, que equivale a un porcentaje del 2.52 %
del total de 28 entrevistas. Otras nueve personas mencionaron que sí tienen
apoyos y los destinan a la producción del café del programa SAGARPA
(ver tabla no. 3). Las diez personas restantes mencionaron otros apoyos, los
cuales se presentan a continuación:

Institución/Programa	Población objetivo	Tipo de subsidio	Porcentaje de Grupos Domésticos Beneficiados
SAGARPA	Productores hombres cafetaleros	Monetario ($5,000.00 cada seis meses)	2.52 %
IDESMAC	Mujeres y hombres	Insumos para huertos y capacitación con talleres. Hace ocho años otorgaron semillas de lechuga, rábano, zanahoria. También dieron herramientas y capacitación para elaboración de pan y pizza	0.28 %
BIENESTAR Y SADER (gubernamental)	Niños estudiantes y jóvenes	Desayunos escolares a quienes se encuentren estudiando y becas económicas a primaria, secundaria y prepa que les entregan en febrero o marzo de cada año	0.56 %
Apoyo económico del gobierno	Niñas(os) y jóvenes que estén estudiando	Económico	0.56 %
Organización cafetalera (más grande), ubicada en el municipio de La Concordia.	Socias(os) cafetaleros	Despensas	0.56 %
Root capital (maíz y frijol)	Productoras mujeres y hombres	Económico	0.56 %
SOLIDARIDAD (renovación de cafetales para incrementar la producción).	Jóvenes mujeres y hombres para evitar la migración	Económico	0.28 %

Tabla 3. Apoyos gubernamentales que reciben las familias cafetaleras.
Fuente: trabajo de campo 2022.

Un esposo comentó que recibe $6,200.00 pesos cada año del gobierno federal, que es entregado para cafetaleros y maiceros. Otros negaron este beneficio argumentado que en su momento tuvieron el apoyo para producción de milpa. Root Capital les proporcionó recursos económicos para que la organización más grande comprara maíz y frijol de la región. Mientras que SOLIDARIDAD les dio dinero para que a esa misma institución les compren las plantas de café. Estos apoyos van dirigidos a los hombres, algunas veces para las mujeres, sin embargo, las señoras cafetaleras sí han tenido variados apoyos gubernamentales y capacitaciones de instituciones, nacionales e internacionales.

La organización cafetalera más grande —de donde se desprende el grupo de mujeres— también ha otorgado apoyos a sus socias (os), de materiales como semillas, malla para sombra, malla pollera, entre otros. En tiempos del confinamiento hay familias que recibieron dos despensas por parte de esta organización, que contenían maíz, frijol, sopa, lenteja, aceite, papel, sal, avena, pasta, atún, galletas y sardina. Aunque hay quienes señalan que no tuvieron ningún tipo de apoyo, porque no se encontraban en la comunidad. Respecto de las capacitaciones que ha recibido el grupo de mujeres organizadas —junto a sus esposos—, han sido cursos del proceso del café —tostado y para mejorar la producción y torrefacción—. Asimismo, recibieron capacitación sobre la preparación de alimentos y conservas, por parte de Puerta a la Montaña en La Concordia, y de Ecobiosfera hace cinco años. También IDESMAC les capacitó en la elaboración de pan y pizza, otorgándoles herramientas. En ese momento las señoras emprendieron un negocio que se relaciona con las actividades secundarias remuneradas; además les apoyaron con sobres de semillas de cilantro, rábano, lechuga y les dieron capacitaciones a hombres y mujeres del huerto familiar. También en las comunidades, ranchos o barrios donde viven, los capacitaron con talleres para aprender sobre el cambio climático, insumos del control de plagas con caldos o algunos preparados a base de agua, chile o jabón, composteo, producción de miel de abeja sin aguijón y de cómo realizar empresas, así como en el área administrativa y financiera por directivos de Root Capital, Equal Exchange, Sustainable Harvers el pasado abril de 2022 que son algunas de las instituciones presentes durante la pandemia.

Cabe señalar que las mujeres que han recibido capacitaciones son especialmente las que ejercen un cargo en la cooperativa, es decir, la fundadora, la presidenta y la tesorera, quienes están al frente. A continuación, se presenta un mapa de la red de actores externos —ONG'S, instituciones públicas y privadas, entre otras— que han apoyado al grupo de mujeres organizadas con financiamiento a diversos proyectos, talleres y actividades en diversas temáticas:

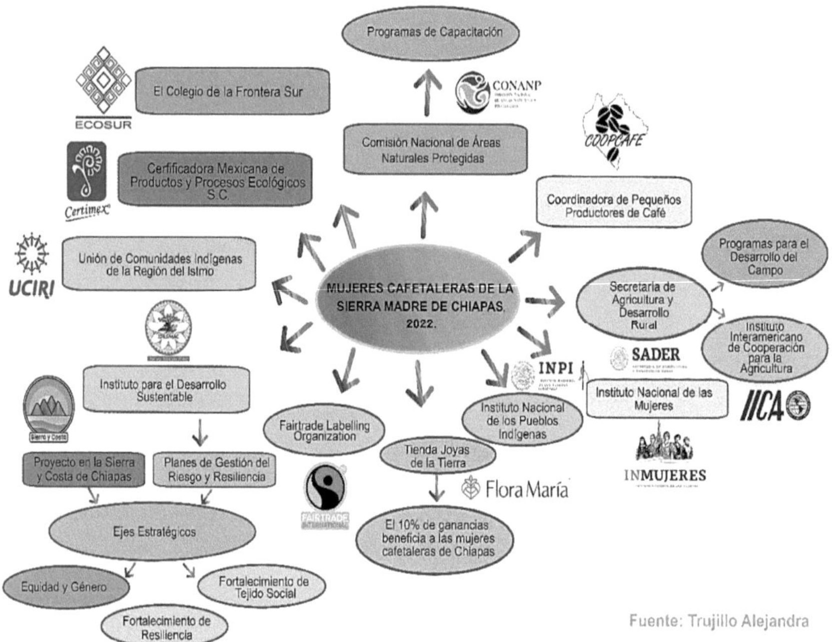

Figura 2. Actores externos que se han involucrado con el grupo de mujeres cafetaleras de la Sierra Madre de Chiapas.
Fuente: trabajo de campo 2022.

Las relaciones de actores externos son diversas. Las ONG apoyan a las mujeres cafetaleras de la Sierra en temas agrícolas, específicamente en la producción del aromático. Y otras instituciones como La Comisión Nacional de Áreas Naturales Protegidas lo hacen con capacitaciones sobre conservación, puesto que las comunidades y ranchos son parte de la Reserva de la Biosfera el Triunfo, significativa región de Chiapas. También se suma la Coordinadora de Pequeños Productores de café COOPCAFÉ, CERTIMEX, entre otros.

Dado que en la localidad hay antecedentes de violencia, machismo, el Instituto Nacional de Mujeres y otros organismos han participado con temas de género. Hay una interrelación de actores en los tres niveles: a nivel local IDESMAC en San Cristóbal de Las Casas, y el proyecto Sierra y Costa; a nivel nacional la CONANP y a nivel internacional el Instituto Interamericano de cooperación para la Agricultura IICA, son ejemplo de las diversas interacciones que existen.

Capítulo 4. Aportes del cafetal y el tiempo a lo productivo y reproductivo en el COVID-19

4.1 Agrobiodiversidad del cafetal

La agrobiodiversidad o variedad agrícola comprende la diversidad de plantas, animales, hongos y microorganismos asociados a la producción de alimentos y materias primas, incluyendo los sistemas agrícolas y otros (Casas y Vallejo 2019). El agroecosistema café es un sistema con diferentes cultivos, algunas personas siembran en éste, como el caso de las mujeres cafetaleras. Del mismo modo existen plantas, que cuidan o fomentan su recolección en la montaña, para su consumo alimenticio. La agrobiodiversidad de especies que mencionaron de los cafetales y de la milpa de la Sierra Madre de Chiapas, se presentan en la siguiente tabla número 4.

Especies del cafetal para la alimentación	Familia taxonómica, género y especie	Especies que se dan solas para la alimentación	Familia taxonómica, género y especie	Especies que se dan en la montaña o en otros lugares	Familia taxonómica, género y especie
Lima	Familia: Rutaceae Género y especie: Swingle, *Citrus × latifolia* Tanaka ex Q.	Hierbamora	Familia: Solanaceae Género y especie: *Solanum spp.*	Correlón	Familia: Solanaceae Género y especie: *Solanum appendiculatum Dunal.*
Camotito rojo	Familia: Araceae Género y especie: *Calocasia esculenta/ Xanthosoma ro.*	Pacaya	Familia: Arecaceae Género y especie: *Chamaedorea sp.*	En la milpa y cafetal punta de chayote.	Familia: Cucurbitaceae Género y especie: *Sechium edule* (JACQ.) *Sw.*
Árboles de mandarina	Familia: Rutaceae Género y especie: *Citrus nobilis (Lour).*	Chile	Familia: Solanaceae Género y especie: *Capsicum annuum L.*	Chayote	Familia: Cucurbitaceae Género y especie: *Sechium edule* (Jacq.) Sw. *Inga oerstediana Benth. ex*

Guanábana	Familia: Annonaceae Género y especie: *Annona muricata L.*	Quishtán	Familia: Solanaceae Género y especie: *Solanum wendlandii Hook. F.*	Mora	Familia: Rosaceae Género y especie: *Rubus sp.*
Calabaza	Familia: Cucurbitaceae Género y especie: *Cucurbita spp.*	Paterna	Familia: Fabaceae Género y especie: *Inga inicuil Schltdl. & Cham. Ex G. Don.*	Limón Mandarina	Familia: Rutaceae Género y especie: *Citrus nobilis (Lour).*
Aguacate de montaña o monte	Familia: Lauraceae Género y especie: *Persea americana Mill.*	Timpinchile criollo	Familia: Solanaceae Género y especie: *C. annuum var. Glabr iusculum (DUNAL) Heiser & Pickersgill.*	Guayaba	Familia: Myrtaceae Género y especie: *Psidium guajava L.*
Variedades de plátano	Familia: Musaceae Género y especie: *Musa spp.*	Matas de guineo (variedades)	Familia: Musaceae Género y especie: *Musa paradisiaca L.*	Mango	Familia: Anacardiaceae Género y especie: *Mangifera indica L.*
Durazno	Familia: Rosaceae Género y especie: *Prunus persica (L.) Batsch.*	Caña por zurco	Familia: Poaceae Género y especie: *Saccharum officinarum L.*	Chicozapote	Familia: Sapotaceae Género y especie: *Pouteria campechiana (H.B.K.).*

Tabla 4. La agrobiodiversidad de la montaña y sistemas productivos (cafetal, milpa).
Fuente: Trabajo de campo 2022[3].

Generalmente la cosecha se realiza en temporada de lluvia, de mayo a junio, o hasta diciembre, aunque en enero se puede cosechar. En el cafetal se encontraron 75 especies que aportan a la alimentación. También mencionaron árboles que brindan sombra, madera u ornamentales, de los cuales hay diez, el chalum (*Fabaceae*) (*Seem.*), cupape (Boraginaceae) (*Cordiadodecandra A.DC.*), canaco (*EuphorbiaCeae*) (*Alchornea latifolia Sw.*), pino (*Pinaceae*) (*Pinus LINNEO*), ciprés (*Cupresaceae*) (*Cupressus sp.*), ocote (*Pinaceae*) (*Pinus montezumae*), árbol de mambú (*Poaceae*) (*Bambusoideae*), cedro (*Pinaceae*) (*Cedrus*), alcanfor (*Lauraceae*) (*Cinnamomum camphora*), eucalipto (*Myrtaceae*) (*Eucalyptus*)[3]. Existen más cultivos en este sistema, pero dado que el tema central es sobre el huerto se presentan brevemente las plantas que señalaron para el consumo. La producción del aromático es primordial, ya que de ello dependen sus ingresos económicos y el tipo de manejo de las especies que implementan en sus huertos están relacionados con sus cafetales.

4.2 Tiempo y división del trabajo productivo y reproductivo en la pandemia

En tiempos de cosecha del café toda la familia va temprano a trabajar en los cafetales para cortar los granos, incluyendo a los niños que ayudan desde muy pequeños. En el caso de las mujeres, se ha dicho sobre el exceso de tiempo que invierten en las labores reproductivas o del hogar (Bidegain 2017; CEPAL 2020; OIT 2020; OXFAM México 2022) y que son tareas no remuneradas. El grupo de cafetaleras se involucran en cinco o seis diferentes actividades productivas agrícolas: en el cafetal o huerto familiar, que incluye el cuidado los animales de traspatio, y en algunos casos se encargan de la producción de la milpa y el frijol para el consumo de los familiares; y labores reproductivas, ejemplo, se ocupan de trabajos de cuidados, quehaceres de la casa, compras, preparación de alimentos así como de otras ocupaciones secundarias que a veces realizan para generar ingresos económicos.

El confinamiento, que provocó el resguardo de todos en casa, orilló a que las mujeres le dieran prioridad al huerto al producir plantas medicinales o para la alimentación.

"Pero, algunas no podían ir a sus cafetales o donde tienen sembrado su maíz y frijol pues dejaron de salir por miedo a la pandemia" (entrevista a cafetalera 2002).

La pandemia del COVID-19 trajo consigo un exceso de trabajo para las mujeres cafetaleras, que ya de por sí era demandante. El confinamiento agudizó su condición laboral, porque no pudieron salir de sus viviendas; tampoco se les permitió el paso hacia algunos ranchos o comunidades, donde viven varias de sus familias.

"A nivel económico se notó el incremento de precios y escasez de la canasta básica. Al no poder salir, algunas personas optaron por consumir parte de lo que tenían guardado de sus cosechas como maíz, frijol y otras especies del cafetal y huerto. Asimismo, las familias que necesitaban adquirir otros productos nombraron a un pariente —generalmente varones que salían protegidos con cubreboca y gel—, para

Por otra parte, si bien los cafetales desempeñaron un papel fundamental en medio de la pandemia, en tiempos de cosecha del aromático se notó una sobrecarga de trabajo para las mujeres. En la siguiente imagen se observan las labores reproductivas y productivas de las señoras cafetaleras, a través de un reloj de tiempo que señala su cotidianeidad.

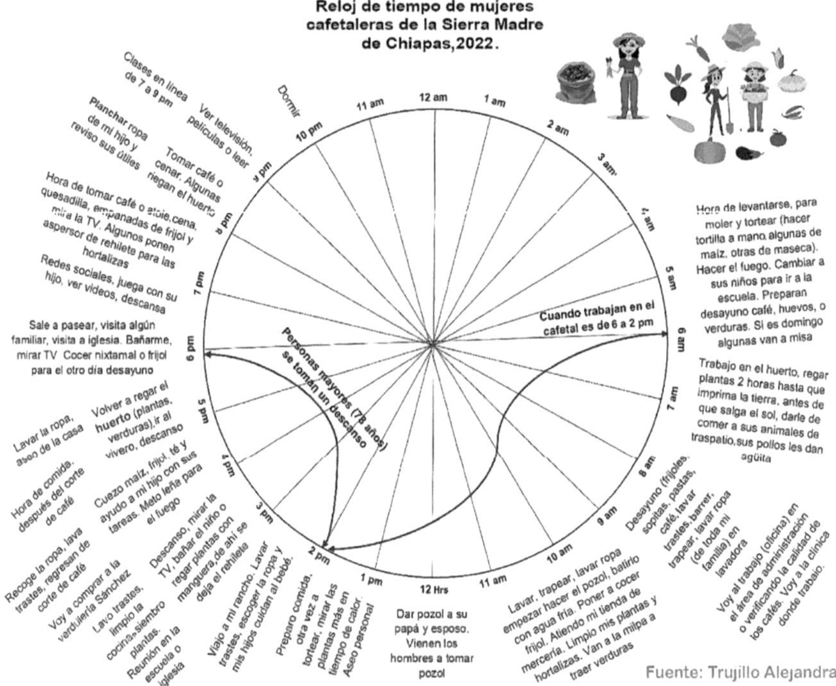

Figura 3. Reloj de tiempo de las mujeres cafetaleras, 2022.
Fuente: trabajo de campo 2022.

Generalmente las mujeres se levantan a las cuatro de la mañana para moler el maíz, tortear y llevar a cabo labores domésticas. Antes de que salga el sol es prioridad regar el huerto —aunque algunas personas lo hacen con sus macetas—; casi siempre se realiza de dos a tres veces al día, al amanecer, por la tarde e incluso por la noche y con mayor frecuencia en temporada de calor.

Antes del confinamiento por la pandemia, las mujeres preparaban y tomaban el pozol al mediodía. Mientras los hombres trabajaban ellas iban a dejarles su alimento al campo; o bien, aquellos lo bebían al llegar a sus casas. Cuando es la temporada de cosecha en el cafetal toda la familia trabaja y llevan sus desayunos o comidas, pues es una labor que comienza desde temprano y termina tarde. Algunas deciden elaborar su comida el día anterior, la cual vuelven a calentar a su regreso del trabajo en los cafetales.

Las mujeres invierten gran parte de su tiempo en la preparación de comida, limpieza de la casa y en la agricultura; lo que se intensificó con la pandemia. En ese sentido, según el INEGI existe un tabulador económico de las labores domésticas y de cuidados que tiene como propósito coadyuvar a la comprensión del trabajo no remunerado que se realiza en el hogar, para brindar bienestar a sus integrantes a partir del conocimiento del valor que aportamos individualmente de manera cotidiana. Con dicho tabulador se procedió a llenar los datos de las mujeres cafetaleras, respecto del tiempo invertido en horas de trabajo. Lo que se presenta es la distribución del tiempo dedicado a cada actividad doméstica y de cuidados, con su valor en pesos mexicanos al año.

De acuerdo con datos del INEGI: el cálculo total de horas al año del trabajo no remunerado de las mujeres cafetaleras es de 1,456, horas, es decir, las mujeres invierten 121 horas aproximadas de trabajo doméstico al mes. Lo anterior corresponde a 30 horas a la semana de labores del hogar no remuneradas, y de cuidados a integrantes de la familia. El valor económico al año de lo que ganarían si estos trabajos fuesen remunerados es de $46,942.00, que corresponden a $3,911.00 pesos mensuales (ver figura núm. 4).

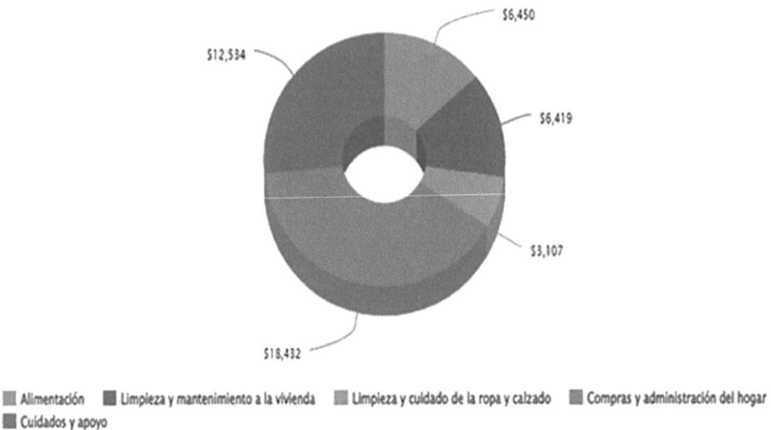

Figura 4. Porcentaje de la distribución del valor de las labores domésticas y de cuidados (pesos al año) de las mujeres cafetaleras.
Fuente: INEGI 2022 y trabajo de campo 2022.

Las mujeres realizan compras en la cotidianidad, en el mercado o verdulerías ya sea de alimentos u otros menesteres; administran el hogar, otorgan cuidados y apoyo a sus familiares, elaboran la comida, hacen la limpieza y mantenimiento a la vivienda, limpieza y cuidado de la ropa y calzado, lo que contribuye a la sostenibilidad de la vida. Las productoras cafetaleras, todo el día se mantienen ocupadas entre lo productivo y reproductivo. Con las hijas menores o mayores la situación es la misma, porque estas tareas no consideran la edad sino el género —en este caso el femenino como responsable—.

Como mencionó una de las jóvenes cafetaleras "yo hago el oficio de mi mamá, ya que ella está enferma. A veces me duele la cintura porque me toca tortear, realizar quehaceres y lavar la ropa de toda mi familia incluyendo la de mi hermano mayor, la de mis papás, mi esposo, mi bebé. Incluso cuando vivía en la casa de mi marido, la situación era la misma, lavaba la ropa de todos mis familiares pues era el pago por darnos un espacio para vivir" (entrevista a cafetalera 2022). Este caso se presentó de manera similar en otras familias. Ahora examinemos el reloj de tiempo de los hombres cafetaleros:

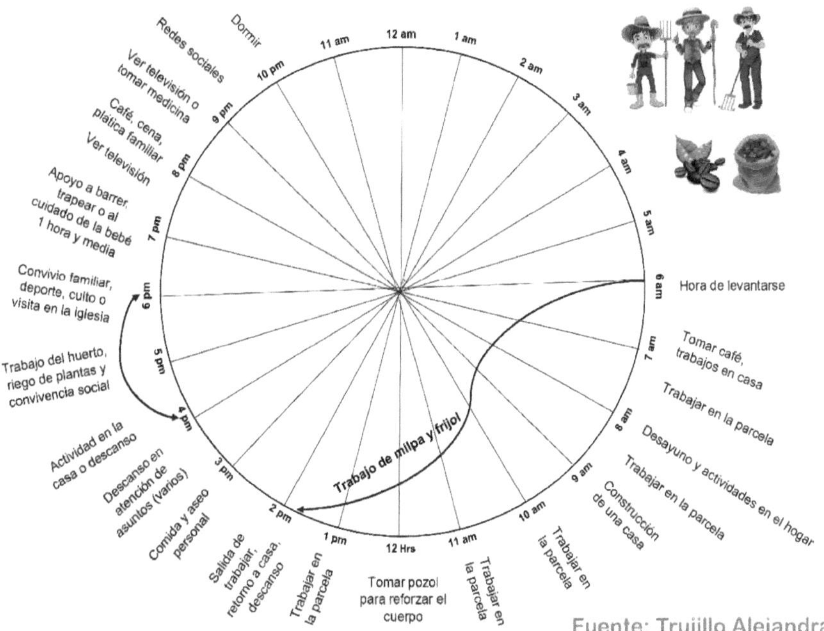

Figura 5. Reloj de tiempo de los esposos de las mujeres cafetaleras, 2022.
Fuente: trabajo de campo 2022.

Normalmente los varones se levantan a las seis de la mañana para tomar su café y después ir a trabajar en el campo. Aunque son menos labores, son trabajos muy pesados y la mayoría no participa en actividades domésticas o de cuidados; a pesar de esto hay quienes sí tratan de ayudar, especialmente si tienen bebés recién nacidos como en algunas familias. Existe un caso del grupo de las mujeres cafetaleras, en donde todo el trabajo productivo es realizado por una joven que trabaja en las oficinas de la organización, mientras que su esposo se queda en casa a realizar las tareas domésticas y agrícolas. En el momento de la pandemia, en el confinamiento, los esposos ayudaron a componer la tierra, abonar y demás actividades que se requerían en el huerto, porque decidieron no salir para ir a sembrar en sus otras parcelas y se autoabastecieron de lo que tenían de sus cosechas, salieron gradualmente. Este periodo dio pauta para que las familias le dieran más atenciones al sitio, pues éste se encuentra por lo regular cercano a la vivienda y podían verlo fácilmente. En la figura núm. 6 se presenta la distribución del valor de las labores domésticas y de cuidados de los esposos cafetaleros.

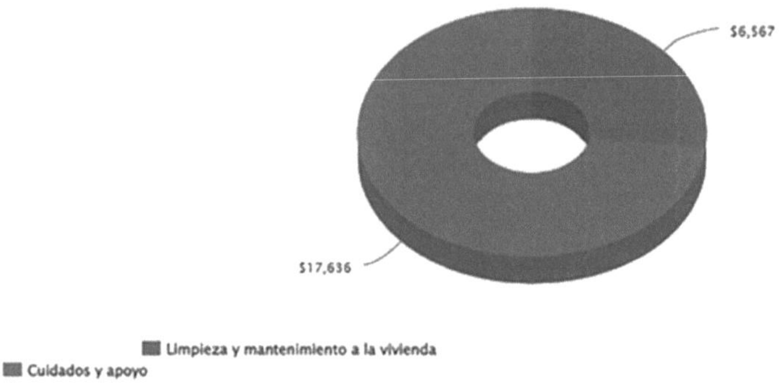

Figura 6. Porcentaje de la distribución del valor de las labores domésticas y de cuidados (pesos al año), de los hombres cafetaleros.
Fuente: INEGI 2022 y trabajo de campo 2022.

El análisis reflejó que el tiempo que invierten los hombres cafetaleros es de 624 horas al año en labores domésticas y de cuidados, lo que equivale a 52 horas mensuales, que serían 13 horas semanales al trabajo de labores del hogar. La estimación del valor económico de lo que ganarían al año fue de $24,204.00, que corresponden a $2,017.00 pesos mensuales si estos trabajos fueran remunerados.

Los hombres se encargan principalmente de brindar apoyo a sus familiares. Pero también del aseo o mantenimiento de la vivienda, arreglos, cuidado y limpieza de herramientas y utensilios que implican mayor fuerza de trabajo; aunado a las labores agrícolas y actividades secundarias que realizan. Al observar el tiempo dedicado de las diversas tareas del hogar, las mujeres duplican el tiempo en horas en comparación a los varones, si estas labores fueran remuneradas ellas ganarían más en términos económicos sobre todo durante la pandemia en donde las actividades domésticas se incrementaron en especial para el grupo de productoras cafetaleras porque tienen más trabajo cuando es la cosecha del aromático y todas las actividades de los trabajos productivos y reproductivos aumentan y la familia completa colabora.

Capítulo 5.-Las prácticas agrícolas en el huerto familiar durante la pandemia por COVID-19

5.1 Caracterización de huertos familiares de las mujeres cafetaleras

Las familias cafetaleras tienen en sus viviendas un área dedicada a la producción de diversas especies de plantas, árboles frutales, hortalizas, animales de patio que forman parte del huerto familiar. Sin embargo, comentaron que debido a la producción de café han descuidado este sistema pues generalmente ese espacio ha sido destinado para secar el aromático. "No teníamos donde secar el grano y además sirve para diferentes actividades" (entrevista a cafetalera 2022). En promedio, las personas entrevistadas comenzaron con el trabajo en el sitio en el 2015 y algunas lo han hecho recientemente, ya que no lo han atendido en ciertas temporadas por falta de tiempo. Quienes iniciaron con la siembra de los cultivos, por ejemplo, cilantro, cebollín, lechuga, rábano, betabel, zanahoria, entre otros, fueron la suegra, la esposa, el esposo, a partir del año 1995 y otras desde niñas (os). Las razones se deben a que algunas personas desde pequeñas (os) les enseñaron sus madres o abuelas sobre cómo cultivar y hay quienes decidieron enfocarse exclusivamente a la producción del café y con el paso del tiempo han venido retomando la siembra de algunas especies del huerto.

Todas las integrantes del grupo de mujeres cafetaleras cuentan con diferentes tipos de huertos, algunos más grandes o pequeños, ya sea con camellones, plantas en cubetas, macetas, plantas en garrafones de agua, estructuras de parcela de forma vertical, horizontal, huertos colgantes (macetas colgadas en las casas), entre otros. También tienen estructuras, como criadero de lombriz —lombricultura—, abonos orgánicos. Hay familias que destinan un área del huerto al cultivo de maíz y frijol, ya que estas producciones se han venido perdiendo, "antes teníamos estos sistemas de producción, los cuales fueron reemplazados por el vivero o cafetal" (entrevista a cafetalera 2022). Las familias cafetaleras en general no tienen parcelas grandes de milpas como acostumbraban a hacerlas antes por ello la adquisición de maíz y frijol es comprado por bultos, aunque hay quienes todavía producen anualmente en pocas cantidades para su consumo.

Hoy en día el huerto familiar es un pequeño espacio de producción de cinco por seis metros —30 metros cuadrados—, 30 por 20 metros —600 metros cuadrados—, hasta de dos metros de largo, ahí tienen macetas u otro tipo de cultivos. Generalmente el sitio se encuentra a lado, al frente, atrás, o a media hora de sus casas, como dos familias que cuentan con una parcela aparte y siembran maíz y frijol u otras especies como cacahuate y tabaco.

El huerto de las familias cafetaleras contribuye con un 5 y 10 % a la alimentación familiar. El dato fue obtenido de la hoja de cálculo Excel, al sacar el promedio de los valores que arrojó la información de la pregunta ¿cuánto aporta el huerto para su alimentación? La mayoría de los productos comestibles provienen de los cafetales, el sitio generalmente produce plantas medicinales —sobre todo en la pandemia—. En las conversaciones sostenidas señalaron que hubo mujeres que sacaban sus canastas y vendían guineos o los regalaban a la gente. Otras personas contrataban mano de obra; por ejemplo, a una niña para vender las cosechas de chayote. Lo que se genera en este sistema es para el autoconsumo, ya que pocos generan dinero, a excepción de aquellos momentos en que hay exceso de producción, que es cuando lo venden o regalan con sus familiares; por ejemplo, la calabacita la dan a diez pesos la medida. Hay familias que tienen un rancho aparte de sus casas con mayores producciones, ahí el sitio les proporciona ingresos económicos desde $200.00, $300.00, $500.00 semanales o mensuales hasta $5,000.00, y $20,000.00 mil pesos anuales.

Los implementos agrícolas que usan para el trabajo del huerto son el machete, pala, azadón, cuchillos, guantes, cucharas y barreta; estas herramientas también son usadas en el trabajo de la caficultura.

5.2 Composición y estructura de los huertos familiares

Generalmente las familias tienen en sus viviendas de 2 a 15 especies diferentes, o más. La composición del huerto está basada principalmente en la producción de plantas medicinales (ver tabla 5) tales como:

Familia Taxonómica	Nombre científico	Nombre común	Forma de vida	Usos
Asphodelaceae	*Aloe Vera* (L.) Bur*m. F.*	Sábila	Hierba suculenta	Medicinal (desinflama los intestinos). Para quemaduras, estreñimiento, para el cabello, para la piel, dolor de cabeza, dolor muscular.
Plantaginaceae	*Plantago major L.*	Lanté	Hierba erecta/planta anual o perenne.	Medicinal (astringente) contra inflamaciones oculares para curar úlceras y heridas, quita manchas de la piel, es ornamental y comestible, enfermedades de las vías respiratorias, vaginitis, hemorroides.
Asteraceae	*Taraxacum officinale G. H. Weber ex Wigg*	Diente de león	Hierba perenne o bianual	Comestible en ensalada, medicinal y forrajera. Estimulador del apetito y trastornos de la digestión.
Asteraceae	*Artemisia ludoviciana Nutt.*	Ajenjo	Hierba perenne	Medicinal y se utiliza como pesticida. Elimina parásitos, regula el ciclo menstrual, resfriados.
Lamiaceae	*Ocimum micranthum Willd*	Albahaca	Hierba de vida corta, planta anual.	Para dolor de estómago, resfriados.
Rutaceae	*Ruta graveolens*	Ruda	Arbusto con ciclo de vida perenne.	Culinaria y medicinal con gran contenido de vitamina c, para dolores reumáticos, indigestión.
Verbenaceae	*Verbena litoralis Kunth*	Verbena	Planta que sale sola, herbácea perenne (ciclo de vida más de dos años), a veces anual.	Medicinal para dolor de estómago, vómito y tos.
Piperaceae	*Piper umbellatum L.*	Hierba santa o mumo	Hierba o arbusto erecto/perenne.	Es comestible y medicinal, antiinflamatorio, repelente de insectos, es ornamental.
Solanaceae	*Cestrum fasciculatum (Schltdl.) Miers*	Hierba de perro	Arbusto/planta perenne.	Medicinal para granitos, quita dolor de cabeza, de estómago.
Asteraceae	*Heterothecainuloides Cass*	Árnica	Planta herbácea perenne a veces anual, a menudo florece en su	Medicinal sirve para la diarrea, golpes, dolores musculares, epilepsia, mareos, artritis, cabello,

			primer año.	mejora la digestión.
Asteraceae	*Stevia serrata Cav.*	Cola de borrego	Planta herbácea perenne erecta.	Medicinal para malestares intestinales, cura la tos, problemas del hígado, nerviosismo, diabetes, gingivitis.
Solanaceae	*Nicotiana tabacum L.*	Tabaco	Hierba robusta, completamente víscido-pubescente planta anual.	Medicinal para curar a los bebés cuando les da calor de ojo, pesticida y contra las hemorroides.
Poaceas	*Cymbopogon citratus*	Té zacate o té de limón	Hierba perenne	Medicinal para dolores estomacales, migrañas, reduce la tensión del corazón, gastritis, problemas respiratorios, insomnio, fiebre.
Asteraceae	*Stevia micrantha Lag.*	Hierba dulce o stevia	Planta herbácea anual erecta	Medicinal para control de colesterol, reduce el azúcar en la sangre, previene la diabetes.
Lamiaceae	*Thymus vulgaris L. y Thymus zygis L.*	Tomillo	Arbusto corto perenne	Medicinal y culinario para enfermedades respiratorias y útil en el lavado de heridas y llagas. Para el dolor de estómago, diarrea, asma, dolor de garganta y tos.
Celastraceae	*Semialarium mexicanum*	Cancerina	Planta herbácea perenne	Antiinflamatorio, cicatrizante y depurativo, para la gastritis, cáncer, infecciones uterinas, diarrea, vómito.
Crassulaceae	Bryophyllum pinnatum *(Lam.)*	Hoja milagrosa	Planta herbácea perenne	Planta medicinal para resfriados, vómito, dolor de cabeza.
Liliaceae	*Allium sativum*	Ajo	Es una especie perenne que se cultiva como anual.	Infecciones respiratorias, desintoxicante.
Zingiberaceae	*Zingiber officinale*	Jengibre	Planta herbácea perenne	Para trastornos circulatorios, gástricos y digestivos.
Asteraceae	*Tagetes nelsonni greenm*	Chilchahua	Herbácea perenne	Es ornamental y medicinal, para dolor de cabeza, fiebre, escalofríos, infecciones.
Chenopodiaceae	*Chenopodium ambrosioides L.*	Epazote	Planta erguida o ascendente, anual.	Comestible y medicinal, sirve para la lombricera, vómito o diarrea, dolor menstrual, estomacal, elimina parásitos.
Lamiaceae	*Mentha X rotundifolia (L.) Huds.*	Hierbabuena	Planta herbácea perenne con pelos largos muy entrecruzados, pegajosos.	Es medicinal para la indigestión, para el hígado, resfriados, calma nervios y ansiedad. Antibacterial y antiséptico. Sirve para repeler insectos.

Familia	Nombre científico	Nombre común	Descripción	Usos
Apiaceae	*Foeniculum vulgare P. Mill.*	Hinojo	Planta herbácea perenne, a veces cultivada como anual o bianual.	Enfermedades de los nervios y el corazón, dolor de estómago, cólicos y para adelgazar.
Nyctaginaceae	*Bougainvillea spp.*	Bugambilia	Arbusto trepador perennifolio	Afecciones respiratorias, tos, asma y bronquitis.
Liliaceae	*Sansevieria trifasciata hort. ex Prain*	Espada de rey	Planta herbácea perenne rizomatosa.	Ornamental y medicinal para los riñones, diabetes, disminuye el azúcar en la sangre, vías respiratorias, previene el cáncer.
Bixaceae	*Bixa orellana L.*	Planta de achiote	Arbusto o árbol pequeño perennifolio.	Astringente para enfermedades venéreas y es un colorante.
Rubiaceae	*Coffea arábica L.*	Plantas de café	Árboles y arbustos perennes.	Enfermedad de parkinson, diabetes tipo II, cáncer de hígado y ataque al corazón.
Commelinaceae	*Tradescantia zebrina Heynh.ex.Bosse*	Cucaracha	Planta ornamental con hojas perenne.	Para las vías urinarias e inflamación de la vejiga, dolor de cabeza.
Lauraceae	*Cinnamomum verum*	Canela	Árbol de hojas perennes	Uso culinario y medicinal, fortalece el sistema inmunológico, previene el cáncer y enfermedades del corazón.
Lamiaceae	*Plectranthus coleoides Benth. c.v.*	Vaporub	Herbácea perene	Es de tipo ornamental y medicinal para problemas respiratorios, alivia la gripe, antiinflamatoria, antidiabética.
Commelináceas	*Tradescantia spathacea*	Magueyito morado	Arbusto perenne	Para dolor de estómago y desinflamar.
Bignoniaceae	*Spathodea campanulata P. Beauv*	Tulipán de la india	Planta perenne	Caída del cabello, fiebre
Euphorbiaceae	*Cnidoscolus multilobus (Pax) I. M. Johnston*	Chaya	Árbol pequeño con pelos urticantes, planta perenne.	Diabetes tipo II, anemia, baja niveles de azúcar en la sangre.
Liliaceae	*Sansevieria trifasciata hort. ex Prain*	Oreja de burro	Planta herbácea perenne	Cáncer, hipertensión, enfermedades psicológicas.
Rosaceae.	*Rosa spp.*	Rosas	Planta caducifolia perenne	Es ornamental y medicinal para dolores menstruales, para la piel, problemas respiratorios.
Asteraceae	*Gnaphalium viscosum Kunth*	Gordolobo	Hierba anual o bianual	Es medicinal, problemas respiratorios asma y bronquitis.
Asteraceae.	*Matricaria recutita L.*	Manzanilla	Hierba anual	Contra malestares estomacales, se cultiva ampliamente en huertos familiares.
Zingiberaceae	*Curcuma longa L.*	Cúrcuma	Planta herbácea perenne	Reducción de inflamación, problemas respiratorios, gastrointestinales, de la piel, prevención de cáncer, antioxidante.

Bromeliaceae	*Racinaea fraseri*	Pata de paloma	Herbácea perenne	Es ornamental y medicinal, para la diarrea, cicatrizante, vaginitis.
Fabaceae	*Vigna vexillata (L.) A. Rich.*	Bejuco	Enredadera herbácea perenne o anual.	Usos medicinales antiinflamatorio, reumatismo, úlcera gástrica. Para mejorar suelos, controlar la erosión, forraje y verdura, las raíces pueden ser comestibles.
Solanaceae	*Solanum wendlandii Hook F.*	Quixtan	Hojas perennes	Uso culinario y medicinal. Posee propiedades nutritivas y es antioxidante.
Loasaceae	*Gronovia Scandens L.*	Chichicaste	Planta herbácea trepadora	Reduce los niveles de azúcar en la sangre, favorece la buena circulación, mejora las funciones del sistema digestivo.
Balsaminaceae	*Impatiens walleriana Hook. f.*	Flor de china	Domina en los cafetales, planta herbácea anual o perenne.	Es ornamental y medicinal, para las reglas menstruales y catarros bronquiales.
Geraniaceae	*Geranium seemannii Peyr*	Geranio	Planta perenne	Se utiliza como forraje para conejos y tiene propiedades medicinales, dolores menstruales, lumbares, antibacteriano, cicatrizante.

Tabla 5. Algunas especies del huerto con valor medicinal.
Fuente: Trabajo de campo 2022[4].

Del total de especies, 44 son medicinales. Estas plantas son las principales en los huertos y contribuyen a fortalecer la salud de las personas; contienen sustancias que aportan especialmente al sistema respiratorio, útiles sobre todo en tiempos de virus por la pandemia. En el huerto familiar también hay cultivos para la alimentación como verduras, árboles frutales, entre otros— ver tabla número 6—.

Nombre común	Familia taxonómica y nombre científico	Forma de vida	Usos	Qué parte es comestible	Conocimientos o funciones
Cebollín	(Alliaceae) *Alliun Choenoprasum.*	Hierba perenne	Comestible y medicinal	Tallo, cebolla	Reduce niveles de colesterol, para la piel y cabello.
Mumo/hierbasanta	(Piperaceae) *Piper auritum*	Hierba o subarbusto erecto, planta perenne.	Medicinal y comestible	Planta, hojas	Disminuye el dolor de cabeza, para la menstruación y problemas respiratorios, repelente de insectos,

					antiinflamatorio.
Chayote	(Cucurbitáceas) *Sechium edule*	Planta perenne de renovación anual.	Comestible y medicinal	El fruto y las puntas tiernas.	Fibra, para combatir estreñimiento, hipertensión arterial, colesterol.
Rábano	(Brassicaceae) *Raphanus sativus*	Hierba anual o bianual erecta, ramificada.	Comestible y medicinal	Fruto, hojas	Fortalece el sistema inmunológico.
Tomate	(Solanaceae) *Solanum lycopersicum* L.	Hierba delicada generalmente de vida corta, anual, aunque potencialmente perenne.	Comestible y medicinal	Fruto, hojas	Para la obesidad, cáncer de mama, para enfermedades cardiovasculares y asma.
Chile	(Solanaceae) *Capsicum annuum*	Hierba o arbusto anual/perenne.	Comestible, medicinal, antifúngico.	Fruto, hojas	Controla plagas, disminuye dolor de cabeza, tiene vitamina c que previene enfermedades respiratorias.
Cilantro	(Apiaceae) *Coriandrum sativum*	Hierba perenne fuertemente aromática.	Comestible y medicinal	Hojas, semillas	Facilita la digestión, evita el estreñimiento, infecciones respiratorias y fiebre.
Bledo	(Amaranthaceae) *Amaranthus Viridis L.*	Hierba monoica, anual, a veces perenne de vida corta.	Comestible y medicinal	Plantas	Para pulmones, riñones, hígado, estreñimiento y alimento animal.
Colinabo	(Brassicaceae) *Brassica oleracea* var. *Go ngylodes L.*	Planta anual con tallos carnosos.	Comestible y medicinal	Hojas, tallo y cuerpo	Enfermedades respiratorias por alto contenido de vitamina c, jugo de colinabo cura la tos, contiene fibra.
Flores	Asteraceae (*Compositae*) *Angiospermae.*	Plantas anuales y perennes.	Ornamentales	Adorno	De lujo y en macetas, aportan oxígeno y limpian el aire.
Cebolla	(Alliaceae) *Allium cepa* var. *Cepa L.*	Planta perenne	Comestible y medicinal	Tallo, fruto, hojas	Para infecciones y bacterias, enfermedades respiratorias y cardiovasculares.
Chile morrón	(Solanaceae) *Capsicum annuum L.*	Hierba o arbusto que florece todo el año.	Comestible, medicinal, antiinsecticida.	Pimiento, fruto	Repele insectos, previene el cáncer, problemas del corazón, antienvejecimiento.
Zanahoria	(Apiaceae) *Daucus carota L.*	Planta anual	Comestible y medicinal	Fruto y hojas	Previene el estreñimiento.
Frijol	(Fabaceae) *Phaseolus vulgaris*	Hierba de vida corta enredada en forma de espiral/perenne y cultivada anual.	Comestible y medicinal	Granos, hojas	Previene la anemia, antiinflamatorio y anticancerígeno.

Maíz	(Poaceae) *Zea mays ssp.*	Planta anual	Comestible y medicinal	Hojas, tallo, olotes	Previene las hemorroides, la anemia, es fuente de antioxidantes, se utiliza para forraje.
Mostaza	(Brassicaceae) *Sinapis alba* L.	Hierba annual, erecta, ramificada.	Comestible y medicinal	Tallo, hojas y flores	Combate catarros y afecciones respiratorias.
Chipilín	(Fabaceae) *Crotalaria longirostrata.*	Planta leguminosa perenne y arbustiva.	Comestible y medicinal	Tallo y hojas	Previene la anemia e induce al sueño.
Mezcal	(Agavaceae) *Agave ssp.*	Planta suculenta perenne.	Comestible	Pencas y flor	Se puede producir tequila y mezcal.
Betabel	(Chenopodiaceae) *Beta vulgaris* L.	Planta herbácea de vida corta sin pelos/anual bianual.	Comestible y medicinal	Hojas, raíz	Combate la anemia y enfermedades neudegenerativas, fortalece el sistema inmune y mejora la digestión.
Verdolaga	(Portulacaceae) *Portulaca oleracea* L.	Hierba carnosa, rastrera, planta anual.	Comestible y medicinal	Hojas	Es diurética, refrescante, contra enfermedades de la vejiga, del hígado y para calmar dolores renales tiene el contenido más alto en antioxidantes y ácidos grasos omega-3 de todas las verduras verdes. Problemas urinarios y gonorrea.
Brócoli	(Brassicaceae) *Brassica oleracea var. Italica.*	Planta anual o perenne.	Comestible y medicinal	Tallo, cabeza	Elimina el colesterol malo y previene enfermedades cardiovasculares, alto contenido en vitamina c y contiene propiedades anticancerígenas.
Cebolla morada	(Alliaceae) *Allium cepa* L.	Planta anual	Comestible y medicinal	Cabeza, tallo	Combate enfermedades circulatorias, arteriosclerosis e hipertensión.
Tomate verde	(Solanaceae) *Physalis philadelphica Lam.*	Planta herbácea erecta y ramificada, planta anual.	Comestible, medicina y forraje.	Fruto	Alivia tos, amigdalitis y fiebre.
Papa	(Solanaceae) *Solanum tuberosum*	Hierbas perennes (cultivadas como anuales).	Comestible y medicinal	Fruto	Ayuda al sistema cardiovascular, previene diabetes, enfermedades del corazón y cáncer.

Nombre	Familia / Especie	Descripción	Uso	Parte utilizada	Propiedades / Beneficios
Cacahuate	(Fabaceae) *Arachis hypogaea.*	Herbácea, planta anual o perenne.	Comestible y medicinal	Granos	Previene enfermedades cardíacas, fortalece el sistema óseo e inmunológico.
Acelga	(Chenopodiaceae) *Beta vulgaris L.*	Planta herbácea de vida corta, anual o bianual.	Comestible y medicinal	Hojas, pencas pequeñas	Contiene fibra y previene el estreñimiento.
Lechuga	(Asteraceae) *Lactuca serriola L.*	Planta herbácea de vida corta, anual o bianual.	Comestible y medicinal	Hojas, tallo	Combate el insomnio y mantiene el cuerpo hidratado.
Nopal o tuna	(Cactaceae) *Opuntia ficus-indica* (L.) *Mill.*	Planta arborescente perenne.	Comestible y medicinal	Fruto	Reduce problemas de estreñimiento, gastritis, acidez estomacal.
Chile jalapeño	(Solanaceae) *Capsicum annuum.*	Planta anual y perenne.	Comestible y medicinal	Fruto	Mejora el flujo sanguíneo y previene un corazón sano.
Pepino	(Cucurbitaceae) *Cucumis sativus L.*	Planta herbácea anual y perenne.	Comestible y medicinal	Fruto	Combate el estrés, mejora la digestión, protector a ciertos tipos de cáncer.
Repollo	(Brassicaceae) *Brassica oleracea L. var Capitata L.*	Planta anual	Comestible y medicinal	Hojas y tallo	Favorece el funcionamiento del intestino.
Calabacita	(Cucurbitaceae) *Cucurbita pepo L.*	Planta anual	Comestible y medicinal	Tallo, fruto	Gastritis y estreñimiento.
Navito	(Brassicaceae) *Brassica rapa L.*	Hierba anual o bianual, simple o ramificada, de vegetación invernal (uno de los quelites más importantes de México).	Comestible, medicinal para fines técnicos con sus semillas como en lámparas.	Hojas	Fuente de vitamina A, depura el organismo, fortalece huesos.
Maracuyá	(Passifloraceae) *Passiflora edulis sims*	Planta perenne o anual.	Comestible y medicinal	Fruto	Previene enfermedades cardiovasculares, controla y previene la diabetes.
Verbena	(Verbenaceae) *Verbena officinalis, L.*	Planta perenne	Comestible y medicinal	Hojas	Fiebre, diarrea, úlceras problemas estomacales.
Tomatillo	(Solanaceae) *Physalis philadelphica Lam.*	Planta anual	Comestible forraje y medicinal.	Fruto	Para la fiebre, tos, amigdalitis, para la diabetes.
Chile verde	(Solanaceae) *Capsicum spp.*	Planta anual y perenne.	Comestible y medicinal	Fruto	Contiene hasta seis veces más vitamina c que la naranja.
Orégano	(Lamiaceae) *Origanum vulgare L.*	Planta herbácea perenne.	Medicinal, culinario y cosmético.	Hojas	Reduce la tos y ayuda con la digestión.

Jitomate de monte rojo	(Solanaceae) *Solanum lycopersicum L.*	Hierba delicada de vida corta, es anual pero potencialmente perenne.	Comestible, medicinal	Fruto	Previene algunos tipos de cáncer.
Chilillo	(Polygonaceae) *Polygonum punctatum Ell.*	Hierba de vida corta o perenne.	Comestible, medicinal	Fruto	Antiinflamatorio y antibiótico. Es capaz de tratar el cáncer.
Tomate, cherry	(Solanaceae) *Lycopersicon esculentum var. Cerasiforme.*	Planta perenne	Comestible, medicinal	Fruto	Antioxidante y diurético.
Quilete	(Amaranthaceae) *Amaranthus spp.*	Plantas anuales o perennes.	Comestible, medicinal	Hojas y tallo	Para el ácido úrico, fortalecimiento de la vista.
Timpinchi le criollo	(Solanaceae) *Capsicum annum L. var glabriusculum sin aviculare.*	Planta herbácea, arbustiva, anual o perenne.	Comestible, medicinal	Fruto	Mejora la digestión.
Flor del izote	(Agavaceae) *Yucca filifera*	Arbusto perenne	Comestible, medicinal	Hojas	Afecciones bronquiales, diabetes.
Laurel	(Lauraceae) Laurus nobilis L.	Hierba anual o bianual.	Comestible, medicinal, ornamental	Hojas	Para las comidas, inflamación del hígado, cólicos menstruales, infecciones de la piel, gripe, bronquitis y enfermedades respiratorias.
Pitahaya	(Cactaceae) *Hylocereus spp.*	Planta perenne	Comestible, medicinal	Fruto	Combate enfermedades cardiovasculares.
Piña	(Bromeliaceae) *Ananas Mill comosus L.*	Planta herbácea perenne.	Comestible, medicinal	Fruto	Fuente de vitamina c, ayuda a la digestión.
Yuca	(Euphorbiaceae) *Manihot esculenta crantz.*	Arbusto perenne	Comestible, medicinal	Fruto	Es energético, ayuda a la diabetes, alzheimer, enfermedades del corazón.
Taray	(Tamaricaceae) *Tamarix gallica*	Árbol caducifolio	Comestible, medicinal	Hojas	Agua de taray es medicinal para la gente y animales, especialmente para pollos; para la diarrea, diabetes, estreñimiento.
Bambú árbol	(Poaceae) *Bambusoideae*	Plantas con tronco leñoso y forma de caña perenne.	Comestible, ornamental, y medicinal. Se usa para ropa, material de construcción.	Tallo, savia, hojas	Combate el estreñimiento, para tratar infecciones y acelerar la cicatrización.
Naranja	(Rutaceae) *Citrus x sinensis*	Arbustivo	Comestible y medicinal	Fruto, hojas	Sustento vitamínico.

	(Osbeck).				
Níspero	(Rosaceae) *Eryobotrya (THUNB.) LINDL.*	Árbol perennifolio	Comestible, medicinal y ornamental.	Fruto	Fortalece el sistema inmune.
Pomarrosa	(Myrtaceae) *Syzygium malaccense L.*	Arbusto de hoja perenne.	Comestible medicinal y para elaborar cosméticos.	Fruto	Nivel alto de vitamina c, para diabetes.
Yaca	(Artocarpus) *heterophyllus Lam*	Árbol perenne	Comestible y medicinal	Fruto	Controla la presión arterial.
Nance	(Malpighiaceae) *Byrsonima crassifolia*	Arbustivo arbóreo	Comestible y medicinal	Fruto, hojas	Curtido para infecciones gastrointestinales y de la piel, fortalece las defensas, mejora la digestión.
Guarumbo	(Urticaceae) *Solanum tuberosum L.*	Árbol	Sombra, comestible y medicinal.	Fruto, hojas	Facilita el parto y la menstruación. Tiene fibra, vitamina, para el sistema inmunológico, para la piel.
Huash	(Mimosaceae) *Leucaena leucocephala (Lam.) de Wit.*	Árboles o arbustos de rápido crecimiento.	Comestible medicinal y de impacto en el ambiente.	Vaina, semillas	Fijadora de nitrógeno, mejora el suelo, para enfermedades respiratorias, enfermedades cardiovasculares.
Cacao	(Malvaceae) *Theobroma cacao L.*	Arbustivo, arbóreo perennifolio.	Comestible, medicinal, y usado en cosmética.	Semilla, fruto	Contiene fibra, vitamina c, para el cáncer hepático, para enfermedades del corazón.
Chinín	(Lauraceae) *Persea schiedeana.*	Árbol	Comestible/sombra en plantación de café, huertos, cacaotales, milpa.	Fruto, hojas	Es medicinal, mejora la digestión, ayuda a la piel.
Papaya	(Rosaceae) *Rubus sp.*	Planta arborescente perennifolia.	Uso comestible y medicinal.	Fruto, hojas	Tiene propiedades anticancerígenas, antinflamatorias, para la artritis y obesidad.
Alcanfor	(Lauraceae) *Cinnamomum camphora (L.) J. Presl.*	Árbol de gran porte perennifolio.	Medicinal	Hojas	Para las articulaciones, vías respiratorias, desinfecta heridas.
Eucalipto	(Myrtaceae) *Eucalyptus globulus* Labill.	Arbustivo, arbóreo	Medicinal	Hojas	Para afecciones respiratorias.
Tomate de árbol	(Solanaceae) *Cyphomandra betacea (Cav.) Sendtn.*	Arbusto	Uso comestible y medicinal.	Hojas y fruto	Ayuda a perder peso y reduce el colesterol.

Nombre común	Nombre científico		Usos	Qué parte es comestible	Creencias o función
Anona de monte	(Annonaceae) *Annona montana Macfad.*	Árbol	Uso comestible y medicinal.	Fruto	Diarrea, erupciones en la piel.
Papausa	(Annonaceae) *Annona diversifolia (Saff.).*	Arbustivo	Uso comestible y medicinal.	Fruto	Aumenta las defensas y mejora el sistema inmunológico.
Tamarindo	(Fabaceae) o leguminosas *Tamarindus indica L.*	Árbol perenne de crecimiento lento.	Uso comestible y medicinal.	Vaina	Para el hígado, fiebre, asma, intoxicación alcohólica.
Árbol de primavera	(Bignoniaceae) *Tabebuia donnell-smithii.*	Árbol de hasta 30 metros de altura	Sombra, leña	Madera	Brinda leña y madera.
Árbol de carambola	(Oxalidaceae) *Averrhoa carambola L.*	Arbustivo	Uso comestible y medicinal.	Fruto	Mejora el sistema inmunológico, la piel, cabello y uñas.
Fresno	(Oleaceae) *Fraxinus uhdei (Wenz.) Lingelsh.*	Árbol caducifolio con altura de hasta 40 metros.	Para medicina, y obtener madera.	Hojas, corteza.	Antiinflamatorio, cicatrizante, laxante.
Limón mandarina	(Rutaceae) *Citrus nobilis (Lour)*	Pequeño árbol frutal perenne.	Medicinal	Fruto, hojas	Mejora el sistema inmunológico y para el estrés.

Tabla 6. Diversidad de especies del huerto familiar para la alimentación.
Fuente: trabajo de campo 2022[5].

En la tabla núm. 6, se observa la biodiversidad con que cuentan las familias de las mujeres cafetaleras: vegetales, árboles frutales y que aportan madera o leña algunos son medicinales. Además, hay plantas con diversas funciones; algunas son utilizadas para uso cosmético, para sombra con impactos positivos para las personas y los cultivos, entre otros. Soto-Pinto et al (2008: 60) señalan que, el "tipo de clima y la edad del huerto familiar determinan su estructura: diferentes portes y hábitos de las plantas —herbáceo, arbustivo, arbóreo, enredaderas o epifitas— proveen distintos productos y servicios —frutas, medicina, leña, madera, forraje, condimentos, cercos vivos, ornamentales, ceremoniales, utensilios y otros—". Por otro lado, en el sitio se encontró una especie de hongo comestible (ver tabla 7) significativo para la familia:

Nombre común	Nombre científico	Usos	Qué parte es comestible	Creencias o función
Hongo yuyo	*Tremella fuciformis*	Comestible/medicinal	Hongo	Enfermedades pulmonares y cáncer

Tabla 7. Especie de hongo en el huerto familiar y en la milpa.
Fuente: Trabajo de campo[6].

Las mujeres cafetaleras señalan que ciertas plantas en el huerto se les secan o llenan de plagas (ver tabla 8):

Nombre común	Taxonomía	Problema
Ajo	(Amaryllidaceae) *Allium sativum L.*	A veces se seca
Ruda	(Rutaceae) *Ruta graveolens L.*	Se seca
Papas	(Solanaceae) *Solanum tuberosum L.*	Plagas
Tomate rojo	(Solanaceae) *Solanum lycopersicum L*	Plagas
Repollo	(Brassicaceae) *Brassica oleracea L. var. capitata L.*	Se seca
Betabel	(Chenopodiaceae) *Beta vulgaris L.*	Plagas
Jengibre	(Zingiberaceae) *Zingiber officinale Rosc.*	Se seca
Diente de león	(Asteraceae) *Sonchus oleraceus L.*	Se seca
Maracuyá	(Passifloraceae) *Passiflora edulis Sims*	Plagas
Sábila	(Liliaceae) *Aloe Vera L. Burm.F.*	Se seca
Cúrcuma	(Zingiberaceae) *Curcuma Longa L.*	Se seca

Tabla 8. Especies del huerto familiar que tuvieron las mujeres cafetaleras.
Fuente: trabajo de campo 2022[7].

Un productor cafetalero contó que los árboles de paterna (Fabaceae) (*Inga inicuil Schltdl. & Cham.Ex G. Don*), chalum (Fabaceae) (*Inga oerstediana Benth. ex Seem.*), caspirol (Fabaceae) (*Inga punctata Willd.*) producen 30 kg, mientras que el aguacate (Lauraceae) (*Persea americana Mill.*) 5 kg, la naranja (Rutaceae) (*Citrus sinensis L. Osbeck*) 15 kg, el níspero (Rosaceae) (*Eriobotrya japonica Thunb. Lindl.*) 5 kg al mes, lo cual complementa la alimentación, el intercambio de productos entre familia, y en algunos casos la venta al mercado local (trabajo de campo 2022)[8].

Los árboles frutales son importantes para las familias, por los ingresos económicos que perciben cuando tienen buena producción. Ejemplo de lo anterior son el nance (Malpighiaceae) (*Byrsonima crassifolia L.),* guineo (Musaceae) (*Musa paradisiaca L.*), guanábana (Annonaceae) (*Annona muricata),* mango (Anacardiaceae) (*Mangifera indica L.*), mandarina (Rutaceae) (*Citrus × limonia L. Osbeck*), naranja (Rutaceae) (*Citrus sinensis L. Osbeck*), aguacate (Lauraceae) (*Persea americana Mill.*), plátano (Musaceae) (*Musa sapientum L.*), lima (Rutaceae) (*Citrus aurantiifolia Christm Swingle*), limón (Rutaceae) (*Citrus × limon L. Osbeck*), guayaba (Myrtaceae) (*Psidium guajava L.*) —que es medicinal—, matas de carambola (Oxalidaceae) (*Averrhoa carambola L.*), maracuyá (Passifloraceae) (*Passiflora edulis Sims*), variedades de plátanos (Musaceae) (*Musa sapientum L.*), caña (Poaceae) (*Saccharum officinarum L.*), papaya (Caricaceae) (*Carica papaya L.*) (trabajo de campo 2022)[8]. Además, los técnicos externos a la comunidad provenientes de ONG u otras instituciones expertas en la materia les han aconsejado que incorporen los árboles frutales en sus huertos. Con relación a esto, una productora mencionó que "en el huerto hay personas que sólo tenían verduras y no había árboles" (entrevista a cafetalera 2022).

En todos los huertos familiares se observó la presencia de diferentes plantas, cultivos, árboles frutales, ornamentales y animales de patio; por lo que se puede decir que son sistemas agroforestales (SAF) que tienen mayor aporte de conservación y fomentan la disponibilidad de alimento. En cuanto a las aves de patio (ver tabla 9), que complementan los sitios de familias cafetaleras, se observaron las siguientes:

Nombre común	Taxonomía	Usos	Qué parte es comestible	Cantidad	Funciones
Patos	(Anatidae) *Anas platyrhynchos domesticus.*	Comestible y aporta al ciudado del medio ambiente.	Carne y huevos	10	Ayudan a esparcir las semillas de los frutales y conservan el medio ambiente (Martín 2020).
Gallinas	(Phasianidae) *Gallus gallus domesticus.*	Comestible y aportan al medio ambiente.	Todo	10 gallinas y 4 gallos	Eliminan las malas hierbas, mejoran el suelo, con su estiércol se puede producir abono (FAO 2013).
Cuyos	(Caviidae) *Cavia porcellus*	Conejo de la india traído de San Cristóbal, que es para autoconsumo. Comestible y medicinal.	Empezaron con grandes y tenían uñas.	8 cuyos	Su carne fortalece el sistema inmunológico, ayuda a la rehabilitación de pacientes con COVID-19; para la diabetes, cáncer; rico en vitaminas y minerales (Junín DIRESA 2022).
Pollos	(Phasianidae) *Gallus gallus domesticus.*	Comestible, aportan al medio	Crías pequeñas	10	Escarbando sueltan la tierra y la abonan poco a poco con su excremento

		ambiente.			(FAO 2013).
Gallos	(Phasianidae) *Gallus gallus domesticus.*	Comestible y otros aportes	Todo	4	Es importante porque fecunda huevos y otros beneficios (FAO 2013).
Cría de puercos en ranchos	(Suidae) *Sus scrofa domesticus.*	Comestibles, aportan a la dieta y salud, son utilizados para venta.	Todo	14	Es importante para tener una dieta saludable, proporcionan vitaminas B6 y B12 para el crecimiento y desarrollo de niños (Lugo 2020).
Conejos	(Leporidae) *Oryctolagus cuniculus.*	Comestibles y aportan al medio ambiente.	Carne	3	Dispersan semillas y contribuyen a la diversidad de plantas, fertilizan el suelo (Delibes-Mateos y Gálvez-Bravo 2009).
Pajaritos en jaula	(Psittacidae) *Melopsittacus undulatus.*	Adorno o lujo y aportan al medio ambiente.	Adorno	4	Controlan poblaciones de insectos, son polinizadores importantes, su excremento sirve para fertilizar (Harwood et al 2021).
Guajolote	(Phasianidae) *Melleagris gallopavo.*	Comestible, aporta a la salud.	Carne	4	Cuida el corazón, estimula el sistema inmune; para el cáncer de pulmón, próstata, mamario; favorece la hidratación (OKDIARIO 2017).

Tabla 9. Especies de animales del huerto familiar.
Fuente: trabajo de campo 2022[9].

A continuación, se presentan imágenes de la composición y estructura de los huertos familiares, de los diferentes ranchos de las mujeres cafetaleras:

Imagen 1. Huerto familiar en un rancho del municipio de La Concordia.
Fuente: trabajo de campo 2022.

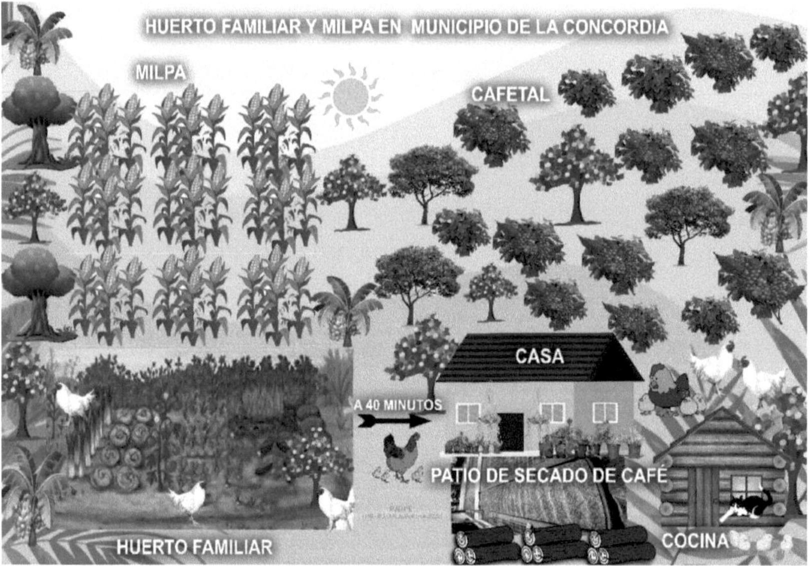

Imagen 2. Huerto familiar y milpa en una comunidad del municipio de La Concordia.
Fuente: trabajo de campo 20

Imagen 3. Huerto familiar en un rancho del municipio de La Concordia.
Fuente: trabajo de campo 2022.

Imagen 4. Huertos familiares en un rancho del municipio de La Concordia.
Fuente: trabajo de campo 2022.

El total de especies, entre árboles, plantas y animales domésticos, encontrados en los huertos familiares del grupo organizado de las mujeres cafetaleras es de 156, de las cuales 142 son de uso comestible y medicinal como el hongo yuyo. Respecto de las plantas y árboles ornamentales, se encontraron rosas, geranios, tulipanes, árboles de alcanfor, de eucalipto, bugambilia, árbol de primavera, de bambú, ciprés, flor de china, entre otros.

Asimismo, se encontraron siete especies de animales de patio: gallinas, gallos, conejos, patos, guajolotes, cuyos y puercos, los cuales aportan a la alimentación, salud y fiestas de la población —ver tabla núm. 9—.

Como se mencionó, las mujeres cafetaleras viven en diferentes lugares ubicados a diferentes altitudes. Algunas tienen su casa ubicada en el centro de la localidad, y sus sitios se encuentran en los ranchos o comunidades de donde son originarias. Es relevante considerar, por la agrobiodiversidad de los huertos, que las zonas bajas cuentan con menos humedad y biodiversidad; las zonas altas tienen mayor humedad y biodiversidad vegetativa, poseen más plantas comestibles, plantas de montaña y plantas silvestres fomentadas —que las colectan o las siembran—, ver tabla 10.

NIVELES	DIVERSIDAD (NÚMERO DE PLANTAS)
Altura alta (Emiliano Zapata)	50
Altura media (Plan de la Libertad Baja)	40
Altura baja (Nuevo Paraíso)	20

Tabla 10. Diversidad biológica del huerto familiar en diferentes zonas y climas.
Fuente: trabajo de campo 2022.

5.3 Organización, cuidados, red de cuidados y cosmogonía del huerto familiar

Generalmente el huerto es diseñado por la mamá, esposa, suegra, esposo, hijo e hija; siendo estos últimos quienes hacen los camellones, aunque también participan todos los familiares. Si alguien no puede atenderlo por enfermedad, por ser de la tercera edad, o por el cuidado de sus bebés, sus redes de apoyo —parientes— se ocupan de atender el sitio. Hay familias que pueden contratar trabajadores para las labores propias del huerto. De ahí la importancia de analizar a los grupos domésticos, a partir de las tres fases de transición; lo que nos ayudará a entender la relación de la familia y sus sistemas productivos, ya que las mujeres que están en la primera etapa —con hijos recién nacidos y matrimonio joven— mantendrán un vínculo diferente con su sistema productivo, en términos de tiempo, cuidados u otras ocupaciones. Como mencionó una productora joven, que al momento del trabajo de campo se mantenía encerrada cuidando a su bebé "mi esposo me ayuda, mi hija acaba de nacer" (entrevista a cafetalera 2022). Pese a que tienen diversas actividades por la producción del café, el huerto sigue exigiendo cuidados, que se han incrementado en el confinamiento. Parte de esto es el interés a la calidad de las semillas; incluso algunas familias las consiguen en otros lugares, como San Cristóbal de Las Casas compran en veterinarias a $25.00 pesos la bolsa pequeña. Ahí obtienen semillas de cilantro, mostaza, acelga, chile, tomate, repollo, lechuga y otras, —para sembrar en tiempo de lluvias—. Al tener parientes en esta ciudad ellos les entregan las semillas, porque dicen que son más frescas por el clima. Hay quienes las compran en Nuevo Paraíso, Tuxtla Gutiérrez, Villaflores, Villacorzo, Jaltenango, o con gente que llega a vender en la comunidad. La conservación la realizan con diferentes métodos ejemplo, con la técnica del secado y guardado, es decir, de las mismas semillas que producen frutos vuelven a cultivar y las conservan (ver tabla 11). Las personas mencionaron lo siguiente:

Formas de conservación
"Brota semilla, se compra y se deja una mata y en bolsita metálica lo guardo. Pero la cucaracha y la rata comen la semilla de calabaza, por eso la cuelgo".
"Secado de semillas".
"Ya maciza recogemos la semilla y la guardamos en un pomito o bolsita de nylon en lugar fresco".
"En la poda se va cortando, se transplanta y ya se guarda en bolsa".
"Secado se espera el ciclo".
"Mi esposo lo deja colgado en bolsita, lo come la hormiga y ya no sale o se pasa de seco, más en el cilantro".
"Guardadas y secadas como el cilantro".
"Secado y las semillas al caer del chile nuevamente brotan".
"En el caso del cilantro esperamos que se seque, recolectamos y guardamos".
"Los guarda en una bolsa en un lugar fresco".
"Se conserva más en papel uno o dos meses".
"En una bolsita se deja una matita de esto para semillas".
"El chayote ya no hay en esta temporada y queda la raíz y vuelve a salir. La calabaza pasa la temporada, le sacamos semillas, la lavamos y secamos para el siguiente año, en bolsa lo guardamos por un año. El maíz se guarda en bolsas y costales secos, selección de los granos criollos".
"Hay que estar sembrando plantas y quitar mismas semillas; por ejemplo, se guarda un chayote macizo".

"Lo guardo en un papelito o bolsita de plástico cada tres meses".
"Mi semillero lo tengo en un caso y con un palito abro hoyos o dejo señas".
"El chile, papa, se germinan en papel. Luego se siembra".
"El chayote ya no hay en esta temporada y queda la raíz y vuelve a salir. La calabaza pasa la temporada, le sacamos semillas, la lavamos y secamos para el siguiente año en bolsa, lo guardamos por un año. El maíz se guarda en bolsas y costales secos, selección de maíz criollo".

Tabla 11. Formas de conservación de las semillas de los grupos domésticos.
Fuente: trabajo de campo 2022.

Mujeres y hombres conservan las semillas; si bien utilizan las de otros lugares, tienen en cuenta que es mejor sembrar a partir de las que se generan en las cosechas de la región. Aunque no pueden hacerlo con todas, como es el caso de algunas hortalizas. Un productor menciona "se notan las variaciones de clima por el cambio climático, ya no sabemos exactamente cuándo llueve o cuándo habrá más calor" (entrevista a cafetalero 2022).

En su red de cuidados asociados a la familia, en lo productivo —ciclo agrícola— y en lo reproductivo —entre hermanas, tías, hijas, abuelas—, se regalan semillas para reproducirlas en sus sitios, y se apoyan para los cuidados de recién nacidos, padres de la tercera edad y parientes. Generalmente la ayuda y atenciones están relacionadas con los cafetales, milpa, frijol; pero en el momento del confinamiento, los huertos adquirieron importancia y relevancia por la cercanía a la vivienda y por tener a la mano productos comestibles o con fines medicinales. Sobre los conocimientos y saberes en el huerto, se asocian con las fases lunares. Mencionaron que la mejor temporada para sembrar es en luna llena, porque los abuelos han dicho que es el momento ideal, pues salen mejor las cosechas (ver tabla 12). En la luna tierna se da la caña, el guineo, árboles frutales, las hortalizas; pero también es conveniente la temporada de agua de mayo a septiembre. Tres personas del grupo señalaron que no utilizan el calendario lunar. A continuación, se presentan algunos conocimientos y saberes sobre las fases lunares, importantes en el trabajo del huerto:

Conocimientos y saberes de la influencia de la luna en el huerto
"En luna maciza, luna llena, comienza la milpa; las hortalizas en cualquier tiempo. Esto es para que no lo tire el viento y no se pique rápido, sale macizo y grande".
"Cuando la luna está maciza o tierna es el inicio del maíz; por ejemplo, en la milpa, huerto y cafetal es a finales de junio. El tiempo de siembra de la milpa es en junio, con granos de maíz".
"En luna llena produce más, tarda más el producto y no se descompone".

Tabla 12. Conocimientos y saberes de la influencia de las fases lunares en el huerto familiar.
Fuente: trabajo de campo 2022.

Las familias cafetaleras no sólo tienen en cuenta las fases lunares para la siembra, también mencionaron algunos conocimientos relacionados a la importancia de la oración (ver tabla 13), cuando realizan la siembra, afirmaron lo siguiente:

Conocimientos
"Hago oración y rezo cuando siembro la semilla"
"Hago oración espiritual directo con Dios, que mis plantas den lo necesario"
"Llega el sacerdote, llevamos un poco de semilla y el sacerdote le pone agua bendita"
"Llevamos una ofrenda: una canasta con frutas, verduras, chayotes, plátanos, y hacemos oración en la iglesia católica con nuestras hermanas religiosas o el sacerdote. Cada año se hace una acción de gracias al recoger la cosecha"
"Una oración a Dios, que nos regale para que tengamos que comer, en el nombre de Dios"
"Se hace una misa, oración familiar, hacia Dios"
"Dios es el creador de todo, de las plantas. Yo le pido a Dios"
"Oración a Dios, él es el que provee. Uno siembra la semilla y Dios la hace brotar"
"Hacemos un canto de alabanza, mi papá reza a San Salvador para que haya más producción de huevos y pollitos; se dice nueve pollitos y un cantador y se hace la señal de la cruz, se dice acá esta señor, acá lo pusimos"
"Sembramos en el nombre de Dios, Dios quiera que pegue"
"Todo el mundo siembra en el nombre de Dios y la mejor agua es el agua de cielo"

Tabla 13. Conocimientos sobre la importancia de la oración al sembrar en el huerto.
Fuente: trabajo de campo 2022.

La religión puede influir en la labor y cuidado del huerto. Una productora menciona "Dios nos da para comer con nuestra siembra y hay que cuidar de ello agradecer en la iglesia". Además, en el trabajo etnográfico de carácter feminista se observó que el 15 de mayo para los católicos es representativo, ya que realizan la fiesta de San Isidro e invitan a todos sus familiares de otros ranchos y lugares, por ejemplo, de San Cristóbal de Las Casas. Existe una capilla para celebrar a este santo, rezar a Dios y agradecer por sus cosechas, aunque hay familias que no hacen ninguna oración ni acción de gracias.

5.4 El huerto familiar antes, durante y después del confinamiento por la pandemia

Dado que la caficultura es el principal interés de las mujeres cafetaleras, al huerto familiar no se le daba atenciones y se estaba desvalorizando. Situación no sólo exclusiva del grupo de mujeres, los productores también le dan más importancia al cultivo del café pues de su venta obtienen mayores ingresos económicos; sin embargo, uno de los efectos es el desplazamiento de espacios del sitio y de cultivos básicos. Existen otros grupos indígenas, como el caso de San Juan Chamula, Chiapas, que ahora se dedican principalmente al comercio y transporte. Antes tenían huertos, además de corrales con borregos y gallinas (Trujillo Gómez y Sánchez Álvarez 2022).

Las familias cafetaleras tienen pocas producciones en sus huertos, se observaron más flores y árboles ornamentales, ya que hay un interés especial porque dicen que sirven de adorno y son bonitos, es decir, su inclinación hacia estas especies es por la belleza escénica que representan. Antes del confinamiento, el huerto estaba descuidado y sembraban algunas especies medicinales. Las personas guardaron distancia y eligieron no salir de sus viviendas, decidieron dejar de sembrar para no contagiarse, cerraron carreteras y no dieron paso a otra gente, especialmente quienes viven en los ranchos y comunidades lejanas al centro. No hubo ninguna persona infectada por el virus del COVID-19, pero sí algunos familiares externos a la comunidad de las mujeres cafetaleras, mayores de edad o con enfermedades previas.

El confinamiento fue una oportunidad para retomar el trabajo del huerto familiar. Al tener más tiempo en casa se le dio importancia a este sistema productivo, especialmente para el cuidado de la salud ya que las plantas usadas con mayor frecuencia fueron la planta de vaporub, gordolobo, manzanilla, canela, hoja de alcanfor, orégano, eucalipto, ajo, jengibre, bugambilia, tomillo, limón, lima, naranja, productos que señalan les ayudó a resultar ilesas ante el virus. Estas especies son significativas para las mujeres, porque se utilizaron para las personas, y para la salud de los animales, ya que son curados cuando tienen gripe, tos u otras enfermedades.

En la pandemia aumentó la siembra de plantas en el sitio como hierbasanta, limón, canela, ajo, zacate limón, jengibre, tomillo, que sirvieron para aliviar la tos o gripe. También aumentaron cultivos usados en la preparación de alimentos ejemplo, tomate verde, rojo, cebollín, cebolla, chile, papa. "Del rancho vino todo, hasta la carne de pollo de granja" comentó una productora cafetalera. Respecto a cómo vivieron el confinamiento relacionado con el huerto (ver tabla 14), las personas mencionaron lo siguiente:

Durante el confinamiento
"Trabajamos más, tratamos de no salir a comprar cosas"
"Hubo una temporada que se tuvo que sembrar lo que se cosecha, porque cerraron el paso"
"No aumenté la producción de plantas, porque taparon caminos. No entraron comerciantes y no se podía salir, además es caro el pasaje"
"Seguimos sembrando igual, casi no se encerró la gente y casi no salíamos fuera de lugar. Casi no se escuchó de muertes de COVID, y eso que la vacuna vino al último"
"Estaba uno más en casa y podía estar al pendiente del huerto"
"Sí, aumenté la siembra de plantas porque antes de la pandemia no teníamos el huerto como tal y tuvimos más atención"
"Cuidé más y me daba más tiempo de hacer el trabajo del huerto"
"No sembré más plantas, todo con normalidad"
"Sí aumentó la producción de más plantas, que reforzaban el sistema inmune"
"Casi no nos afectó el confinamiento, es por temporada, cuando hay temporada de lluvia empiezo a sembrar por el agua"
"Sí tuvimos más producción en la hortaliza. Casi no se podía salir, pero teníamos maíz, frijol, rábano, cilantro, cebolla, pepino"
"Empecé a consumir más té en el confinamiento, para que no me enfermara"
"Empecé a sembrar más tomate, hojas verdes, acelgas, nabito, cebolla, mandarina, limón, naranja, lima"
"Hace tres años dejé el huerto, sembraba tomate, cilantro, rábano, acelga, brócoli, betabel; pero trabajábamos entre todos mis familiares y requiere de tiempo. Se hace almácigo, se compran semillas en la organización grande o en San Cristóbal y luego va uno todo el día a cortar café. Trabaja uno en el campo y en la casa, casi no da tiempo"

Tabla 14. El huerto familiar durante el confinamiento.
Fuente: trabajo de campo 2022.

También mencionaron los cambios en el huerto familiar después del confinamiento ver tabla 15:

Después del confinamiento
"Sí, seguimos sembrando después del confinamiento"
"Se sigue sembrando lo que se da"
"Siembro más, porque tenemos más libertad después del confinamiento"
"Sí, porque ya se puede salir y es mejor sembrar"
"Sí, tratamos de no sembrar mucho. Depende del clima, luego llueve mucho o hay más calor y las verduras no dan"
"Variamos. Antes sólo utilizamos dos o tres vegetales, ahora más variedad"
"Muy poco, porque cultivamos ahora cacahuate, unos 20 metros cuadrados"
"Es importante, porque debemos tener fruta y verdura"
"Sí, el jengibre, tomillo. Pero no ha cambiado lo que se siembra después del confinamiento"
"Jengibre y ajo empezamos a sembrar"
"Naranja, limón, hierbitas para los tés. El plátano también se consume mucho"
"Un huevo de granja o de patio es lo que empecé a consumir"
"No ha cambiado nada, la hierbasanta ya la teníamos y la tomamos en infusión, té de canela, ajo, en_ibre"
"Quiero volver a revivir el huerto, porque se ayuda uno mucho. Sólo un manojo de acelga cuesta cinco esos. Aun_ue lleva tiem_o e inversión __o traba_o haciendo_an"
"Quiero volver hacer el huerto, porque ya no es de comprar sino de cortar; hay que componer la tierra"
"Sí, temporadas más y temporadas menos sembramos"

Tabla 15. El huerto familiar después del confinamiento
Fuente: trabajo de campo 2022.

Con lo anterior, se puede señalar que el huerto familiar se ha transformado por la renovación agrícola. Las personas señalan que los abuelos se daban el tiempo de elaborar compostas y casi no salían a otros lugares, como a San Cristóbal de Las Casas; actualmente se han perdido las semillas nativas, porque antes sus familiares o parientes se las intercambiaban. Hoy siguen intercambiándose; por ejemplo, entre cuñadas se comparten semillas de chile y chayote (entrevista a joven cafetalera 2022). También se han enfrentado a problemáticas, de diversos animales que se comen las semillas (entrevista a cafetalera 2022); aunado a la variabilidad climática. Mencionan que "antes cosechaban más, pero ahora hay que invertir en la malla sombra —para que no afecte tanto el calor— y en otras herramientas que resultan caras o inaccesibles" (entrevista a cafetalera 2022). Incluso se les preguntó si hay diferencias del sitio que tienen (ver tabla 16) con el que tenían sus abuelos, afirmaron lo siguiente:

Huerto familiar actual con el de los abuelos
"Antes los abuelitos no enmallaban y sí hay diferencias con el huerto de ellos, porque sólo aventaban la semilla y hay que saliera"
"Mi papá siempre ha sembrado de todo lo que se da; sigue igual, se le busca para las hortalizas, se le pone la milpa, la pulpa del café se lleva al huerto. Y se pudre y está cerca el potrero y llevamos estiércol de ganado"
"Sí, antes era para sembrar maíz, ahora para el huerto. Era diferente porque no se fertilizaba la verdura, se pica la tierra, se tiran las semillas"
"Ahora el polvito de los palos podridos se usa como abono. Sí, ha cambiado por el tipo de sembrado de plantas; antes eran diversos sus productos, los abuelos tenían más plantas que uno, ahora ya es muy poco"
"Le cambiamos de lugar al huerto, se redujo porque antes era más grande. Tenemos un trabajador que cuida las gallinas y el huerto, él viene de Tenejapa; le pagamos $140.00 pesos diarios, también por los trabajos del cafetal y además poda para que salgan hijuelos"
"Sí ha cambiado. Aunque no conocí el huerto de antes, pero ha cambiado por problemas de suelo y antes era más chico"
"Sí, anteriormente ellos no tenían abono orgánico, la tierra no lo necesitaba. Pero ahora las semillas necesitan más nutrientes"
"Sí, porque utilizaban agroquímicos y en la actualidad ya no"
"Sí, antes tenían más plantas medicinales. Se va perdiendo el conocimiento, no lo anotan"
"Sí ha cambiado; porque no había mucha contaminación a las plantas —cambio climático—, era más natural"
"Sí, por la tala de árboles. Antes cosechaban más maíz. Mi suegro, que ya falleció, manejaba su huerto con todo epazote, cebollín, cilantro"
"Sí, antes se utilizaban químicos, hoy orgánicos. Hemos traído romero y mi papá tenía más grande el huerto. Aunque lo sigue trabajando, pero a veces no pegan los cultivos"

Tabla 16. Diferencias del huerto familiar actual con el de los abuelos.
Fuente: trabajo de campo 2022.

Después del confinamiento, el trabajo en el huerto familiar se incrementó. Hoy en día, las actividades están distribuidas entre los miembros de la familia y grupos domésticos que habitan la vivienda.

5.5 Prácticas agrícolas de la familia en el huerto familiar durante la pandemia

Las familias cafetaleras tienen prácticas agrícolas importantes que coadyuvan a mejorar el sistema productivo —huerto familiar—. Además de la familia, participan los empleados o peones que vienen de otros lugares y son contratados para realizar diversas labores.

Antes y después del confinamiento por la pandemia, los esposos realizan actividades agrícolas como el cuidado y nutrición de plantas; las mujeres riegan, cuidan y limpian. El trabajo en el sitio consiste en por lo menos regar dos veces al día, una muy temprano y otra por la tarde, y cuando es tiempo de calor se riega hasta tres veces. En la actualidad, las familias cafetaleras colaboran de una a dos horas en el trabajo del huerto, estos cuidados se vieron intensificados. El esposo generalmente se dedica a la venta de café y las productoras trabajan en los cafetales o huertos familiares, atienden a —familiares o parientes—, se hacen cargo de la limpieza de la casa y preparación de alimentos. Los hijos apoyan, una productora menciona "mis hijos varones, de 17 y 8 años, limpian y riegan; y las niñas en las labores domésticas y el huerto", sin embargo, los hijos se dedican a estudiar o trabajar. "Aunque pueden participar otros parientes, por ejemplo, un primo que ayuda a regar" (entrevista a cafetalera 2022).

En el confinamiento las familias tuvieron tiempo para cuidar y apreciar su huerto familiar. Decidieron poner más atención a todas las actividades agrícolas con el apoyo de sus esposos, quienes no atendían el sitio. Hoy en día, algunos se encuentran en proceso de componerlo, de volverlo a elaborar o de ampliarlo y cambiarlo de lugar. A continuación, se presenta una tabla (núm. 17) con las principales prácticas agroecológicas que realizan mujeres y hombres, con la distribución de labores específicas entre la familia y otras personas:

Actividad agricola	Jefe/esposo	Esposa	Hijas/hijos	Otros
Preparación de la parcela	x			
Plan de cultivo		x	Tres hijos de 15, 17, 22 años	
Siembra	x	x	x	Un peón que viene de Tenejapa de 38 años
Poda		x	x	x
Trasplante		x		
Limpieza y desinfección		x	x	
Fertilización (abonado)	x	x		
Deshije	x			
Semillero	x	x		
Deshierbe	x		x	
Manejo cosecha y postcosecha	x	x	x	x
Bienestar y cuidado de los trabajadores del huerto		x		
Combustión de desechos		x		
Riego de plantas	x	x	x	
Alimentación sana de animales		x	x	
Colecta de huevos		x		
Elaboración y preparación de nidos de aves	x	x		
Cuidado de árboles	x	x		
Mantenimiento de bardas	x	x		
Control de plagas y enfermedades de cultivos, árboles o animales	x	x		
Diversificación de cultivos		x		
Elección de cultivos endémicos	x			
Descanso del suelo	x			
Manejo de envases		x		
Conservación de semillas		x		
Rotación de cultivos	x			
Incorporación de materia órganica		x		
Cuidado del suelo	x	x		
Calidad y manejo del agua	x			
Cuidado de insectos para combatir plagas	x	x		
Utilización de plantas		x		

repelentes de insectos			
Herramientas de trabajo en buenas condiciones	x		
Cuidado de la planta o exceso de nutrientes	x		
Requerimiento de luz		x	
Control de húmedad		x	
Espacio entre plantas		x	
Manejo de residuos sólidos y líquidos		x	
Cuidado de la biodiversidad	x	x	x
Bienestar animal	x	x	
Medidas de higiene, antes y después por contingencia	x		
Libre de contaminación	x	x	
Nutrición de plantas		x	
Aplicación de agroquímicos	No utilizan		

Tabla 17. Prácticas agrícolas y la división sexual del trabajo en el huerto.
Fuente: trabajo de campo 2022.

Se documentaron 43 diferentes prácticas agrícolas que se realizan en el trabajo familiar del huerto, orientadas a la limpieza y desinfección del entorno, cuidado de suelo con abonos orgánicos, buen manejo de los recursos naturales, como el agua con el tipo de riego. Asimismo, las prácticas agrícolas contemplan cuidados especiales y alimentación sana de los animales del patio, como del bienestar de los trabajadores desde la sanidad e inocuidad de las herramientas y los productos utilizados.

En la tabla núm. 17 se observa la participación de la esposa, el esposo y otras personas como familiares o parientes como señaló una productora "para podar y desembrar planeamos y platicamos; por ejemplo, entre hombres y mujeres" (entrevista a cafetalera 39 años). Si bien, se nota el incremento de lo doméstico y agrícola, una joven mencionó "de las actividades agrícolas lo que más me cansa es regar y sembrar, y de lo domestico lo que más me agota es tortear" (entrevista a cafetalera 2022). A continuación, se presentan las actividades de las mujeres en el huerto.

5.6 Prácticas agrícolas de las mujeres cafetaleras en el huerto familiar

Las mujeres del grupo son originarias de distintos lugares y de culturas diferentes — tsotsiles, tseltales, mestizas—, lo que puede repercutir en sus formas de trabajar. Las mujeres del centro, en relación con las que están en los ranchos, tienen modos diversos de realizar las cosas. Las de los ranchos o comunidades más lejanas van con sus hijos pequeños al campo, las del centro —que viven en barrios— casi siempre deciden enfocarse en el cuidado de sus hijos y dejar por un tiempo su trabajo agrícola.

No obstante, las prácticas agrícolas que realizan las mujeres en sus huertos contribuyen a la sostenibilidad de la vida en la comunidad. De manera general las principales actividades son las siguientes: limpieza de maleza, arrancar el monte —conocido como deshierbe—, corte —ya sea del zacate que se da cerca de la verdura, dar sombra a los árboles, poda—, acarreo de tierra para que crezca el huerto, riego de agua a los cultivos —con manguera o con reguilete, aunque hay quienes utilizan cubetas o botes de plástico, a los cuales se les abren hoyos para regar—, deshije, preparación y aplicación de abonos orgánicos o compostas —a partir de desechos de cáscaras de verduras, huevo, pulpa del café, que es acarreada para rellenar los agujeros, elaboran lombricomposta y obtienen el humus líquido que funciona y es muy bueno; el abono lo traen de sus ranchos, abonan con hojas y troncos podridos de la madera, algunas pagan un viaje para traer abonos, preparan el suelo, fabrican semilleros o almácigo, compran semillas en la organización cafetalera grande o en San Cristóbal de Las Casas, y las plántulas son transplantadas, rompen y revuelven la tierra para que esté más suave y floja, se calza la planta con la tierra para que vuelva a enraizar—, hacen el cuidado del tomate para que no se caiga, siembran diversas plantas.

Respecto a los cuidados de las aves del sitio u otros animales del huerto, hacen colecta de huevos, preparan sus alimentos, les dan agua y maíz a los pollitos para que su comida sea saludable. Una de las familias, que tiene producción de cuyos, los alimentan de cáscara de zanahoria o pepino; a los conejos les dan de comer la punta de chayote, además de que las mujeres elaboran enmallados. Otro de los saberes tradicionales es sacar al campo a las gallinas para que no estén encerradas o estresadas y pongan bien; hay atenciones especiales por ciertos animales que se las comen, como el gato de monte o gavilán que se lleva a los pollos. Pero también cuando se enferman los pollitos se les da agua de taray o tesitos de bugambilia, en algunos casos se les da una pastilla disuelta en agua o en el pico. En el gallinero, si hay basura, barren, limpian o sacuden para que se recolecten los huevos. Si las gallinas están culecas, se les hace su nido de materiales orgánicos para que puedan criar, ya sea en una cubeta de plástico con un nylon y algún trapo, o en rejas de madera; sus nidos se hacen de aserrín o de hojas secas, se les agrega ponedores hechos de cajones de tablas.

Sobre el control de plagas y enfermedades, las mujeres observan constantemente si no hay plagas en sus cultivos, como el *cucuyuch* que es un piojo o gusano, el cual es quitado con agua de chile y jabón de pan de polvo; algunas personas les echan un líquido llamado criolilla, porque existe otra plaga de la hormiga. Estos cuidados son fundamentales para el huerto y es necesario estar siempre al pendiente y dedicar tiempo. Hay mujeres que compran árboles para sembrar, como el aguacate cuando no hicieron semillero. En el cafetal también tienen prácticas agrícolas ejemplo, acarrear plantas, cultivar, limpiar, deshojar, entre otras. Algunos testimoniales de las mujeres cafetaleras son los siguientes:

> *"Limpiamos, sembramos en tiempo de agua. A veces casi no regamos, hacemos abonos, colecta de huevos. En la semana salen diez huevos y a veces compro de la tienda, también pico la tierra. Los pollitos si se enferman de tos se curan con té de flor de bugambilia, ajo y miel o manzanilla. En temporada de mal de pollo, la mayor parte se muere —tres o cuatro pollos— y vuelve a abundar por el calor"* (entrevista a cafetalera 2022).

> *"Hago semillero, composta, que no lo raspen las gallinas; cerco bien en donde no molesten a las aves, riego con manguera. Siembro lo que puedo, porque lo comen los animales; es complicado adquirir semillas"* (entrevista a cafetalera 2022).

> *"Yo podo, riego, hago transplante de plántulas. El control de plagas lo hago sólo deshojando y quitando para que no se contagien; a los árboles se le hacen podas y riego con manguera. Los pollitos casi no se enferman, a veces les doy paracetamol en gotas —pequeñas— y a los grandes en pastilla. Veo que pongan los pollitos, ya saben dónde poner sus huevos, también alineo rejas"* (entrevista a cafetalera 2022).

"Teníamos de 20 a 25 gallinas y pollitos para consumir, pero se enferman de catarro" (entrevista a cafetalera 2022).

"Limpiamos, regamos del diario, se hace el semillero, arranco zacate, mezclo tierra de composta, traigo material con tablas para poner camellones, piedras para que conserve; mi hijo trae líquido, como enraizador sale más grande y me ha traído hoja de rábano de la organización para ponerle al huerto. Todo es orgánico, porque con los químicos y el oco se han enfermado del hígado" (entrevista a cafetalera 2022).

La siguiente tabla se hizo en colaboración con las mujeres cafetaleras (ver tabla 18), para conocer específicamente sus actividades y ampliar las prácticas agrícolas que ellas realizan en el huerto.

Actividad	Jefa/esposa	Hijas
Preparación de la parcela	x	x
Plan de cultivo	x	
Siembra	Pega mejor la mano de las mujeres para sembrar[10]	x
Poda	x	x
Trasplante	Se quitan los gajos y se trasplanta	x
Limpieza y desinfección	No hay un método de desinfección	
Fertilización —abonado—	x	x
Deshije	x	
Semillero	x	
Deshierbe	x	x
Manejo cosecha y postcosecha	x	
Bienestar de los trabajadores del huerto	x	x
Combustión de desechos	x	x
Riego de plantas	x	x
Alimentación sana de animales	Para la salud de los animales, con pastilla o con ruda machucada, se le da a la gallina o agua de taray, tallo de guineo, desinfecta las vías respiratorias	
Colecta de huevos	x	x
Elaboración y preparación de nidos de aves	x	x
Cuidado de árboles	x	x
Mantenimiento de bardas	**NO**	
Control de plagas y enfermedades de cultivos árboles o animales	Las plagas son los hongos, gusanos, hormigas; se hacen foliares orgánicos en la organización, el nim, el ajo, agua de jabón, agua de chile, ceniza, cal, combaten estas plagas	
Diversificación de cultivos	Mujeres y hombres	x
Elección de cultivos endémicos	Ellas eligen las semillas Elección de cultivos endémicos: epazote, hierbabuena, chile, calabaza, papa, repollo, yuca,	x

	cebollín, rábano, lechuga, pepino, chayote	
Descanso del suelo	Sí, o se prepara otro espacio	
Manejo de envases	Con macetas, cubetas, tinas, latas, llantas, le ponen cada que ven que no quiere pegar la planta o en cubetas de aluminio	x
Conservación de semillas	Hay plantas que dan semillas y otras que no y se toman del gajo. Y cuando se comienzan a secar se guardan en bolsas	x
Rotación de cultivos	x	x
Incorporación de materia órganica	La incorporación de materia orgánica depende del tipo de riego	x
Cuidado del suelo	x	x
Calidad y manejo del agua	Por el clima hay escasez de agua limpia y hay unas plantas que tienen que cubrir el agua	x
Cuidado de insectos para combatir plagas	La arriera, gallina ciega, con el abono es muy efectivo hecho de cáscaras de frutas de guineo, de naranja, cascarón de huevo, ceniza, de leña, tierra negra, pulpa de café, estiércol de hormiga	x
Utilización de plantas repelentes de insectos	x	x
Herramientas de trabajo en buenas condiciones	x	x
Cuidado de la planta o exceso de nutrientes	En luna llena pega mejor la planta del maíz	x
Requerimiento de luz	x	x
Control de húmedad	x	x
Espacio entre plantas	x	x
Manejo de residuos sólidos y líquidos	x	x
Cuidado de la biodiversidad	Cuidado de los árboles, se quita la rama se seca, se poda y se riega	x
Bienestar animal	x	x
Medidas de higiene antes y después por contingencia	NO	NO
Libre de contaminación	x	
Nutrición de plantas	x	x

Tabla 18. Prácticas agrícolas de las mujeres cafetaleras en el huerto familiar.
Fuente: trabajo de campo y taller hacia la igualdad de género con las mujeres cafetaleras 2022.

Las prácticas agrícolas de las mujeres cafetaleras están relacionadas con las labores domésticas familiares, es decir, lo agrícola va en relación con el trabajo reproductivo, ya que además de que mantienen la limpieza de los huertos o de los gallineros —donde se encuentran las aves de patio—, también les preparan sus alimentos. Esto se relaciona con las estrategias agroalimentarias que tienen, y se observa un ciclo en donde todo se reutiliza; por ejemplo: los huevos que proporcionan las gallinas son consumidos por las familias, al igual que la zanahoria y el pepino que se obtiene del huerto pero estas cáscaras —tanto de los huevos, de la zanahoria y pepino— sirven para la alimentación de los animales del sitio o como compostas, mientras que las aves de patio "proporcionan heces que son materia orgánica para los cultivos y para la estabilidad del ambiente" (Hotúa-López et al 2021 :1). En general, las labores en el huerto son llevadas a cabo por las actoras principales (adultas y niñas), pues ellas no contratan peones, puesto que sus maridos son quienes les ayudan a elaborar camellones u otro tipo de acciones que involucren mayor fuerza humana, cabe señalar que no utilizan agroquímicos por estar en un área de reserva de conservación.

Las buenas prácticas agrícolas de las mujeres están inmersas en el cuidado y protección, se identifican varios aspectos, tanto la calidad de suelo, el descanso de este; los rituales, antes de su uso, se consideran las fases de la luna y otras oraciones u ofrendas en la iglesia. También el cuidado del agua, a partir de la calidad, ya que hacen captación de este recurso natural, el riego temporal y acolchado para captar la humedad. Así como la atención en la elección de semillas endémicas y la preservación de éstas. En las tablas anteriores podemos notar la conservación de la biodiversidad, plantas, árboles, animales, reciclado o reutilización de plásticos y otros botes o contenedores para la siembra y compostas, producción de alimentos nutritivos y saberes tradicionales de cuidados y bienestar de personas que se involucran con el trabajo del huerto.

En contraste, en la pandemia —y después del confinamiento— no hay medidas de higiene exclusivas por la contingencia en el trabajo del sitio y tampoco existe un método mayormente riguroso de limpieza y desinfección —tanto de las herramientas, la cosecha de los productos y otras actividades—. A continuación, se presenta un calendario de las prácticas agrícolas de las mujeres cafetaleras (figura 7), señalando las actividades que realizan por mes y que se intensificaron en el confinamiento con una mayor frecuencia e interés.

Figura 7. Calendario de prácticas agrícolas de las mujeres cafetaleras en el huerto familiar.
Fuente: trabajo de campo y taller hacia la igualdad de género con las mujeres cafetaleras 2022.

A través de las prácticas agrícolas, las productoras favorecen al ambiente con sus producciones orgánicas. Como menciona una de ellas "tratamos de no contaminar y utilizamos abono orgánico para ayudar al ambiente". Esta práctica agrícola incorpora residuos alimentarios, y otros en la tierra; es un reciclaje de los nutrimentos que son transformados en abonos, pulpa de café, lombricomposta. Cobran importancia las estrategias agroalimentarias que tienen a partir del autoconsumo de sus propias cosechas, en los huertos familiares para la agroalimentación de las familias cafetaleras y la nutrición por la relación estrecha que mantienen con el ámbito reproductivo y que se entrecruza con lo productivo —agrícola—. De ahí que estos cuidados y cada práctica agrícola de las mujeres pueden contribuir a la mitigación de la variabilidad del clima. Las mujeres señalaron que no sintieron tanto el encierro por el confinamiento, y en ese momento realizaron las actividades o prácticas agrícolas —antes mencionadas— en el huerto.

La pandemia tuvo incidencia en la alimentación y salud humana. El contar con diversidad de plantas o árboles en las viviendas, y tener parte de la producción de sus cosechas a nivel familiar, les fue benéfico. En medio de esta crisis la preocupación por obtener comida incrementó, y como señala Tarhuni Navarro y colaboradores (2020) la mayor enseñanza del COVID-19 es aprender a cultivar nuestros alimentos; la crisis alimentaria es mundial y despierta la necesidad de fomentar cultivos en casa. Conocer la procedencia de los alimentos y los sistemas productivos con los que cuentan las familias para su alimentación, da pautas para junto con las y los productores encontrar soluciones para el suministro y el consumo de productos sanos. El conocimiento de los huertos, sus cuidados y prácticas los tienen las mujeres; revalorarlos es un buen camino para hacerle frente a nuevas pandemias o situaciones de crisis.

5.7 Prácticas agrícolas de los esposos de las mujeres cafetaleras

Aunque los esposos se dedican principalmente a la caficultura, también apoyan a sus esposas con actividades en el huerto familiar. Antes de la pandemia era menor el involucramiento del trabajo de los hombres en el sitio, pero señalan que después hay mayor interés en cuidar estos espacios de producción. Entre las prácticas agrícolas que mencionaron los varones tenemos las siguientes:

Elaboración de un plan de cultivo, preparación de la parcela, limpieza y desinfección; la diversificación de cultivos es fundamental, así como el descanso del suelo, rotación de especies, zarandeo, recolección de abono, selección y recolección de semilla, incorporación de materia orgánica, espacio entre plantas, deshierbe, siembra, transplante, riego de agua con manguera o traste, aplicación de abono o composteo, remoción de composta, enmallado, pasteo, deshije, semilleros, ponen enraizador, preparan la tierra; labran, quiebran y revuelven; si sale zacate a la verdura lo cortan, hacen el desmonte, manejo de cosecha y postcosecha, cuidado de animales para que no pasen con los vecinos; algunos tienen un proyecto de cría de pollos, colectan huevos de patio y también elaboran un método de curtir chile por 15 días, cuyo fermento crea un fungicida, porque a veces llega una hormiga, por ello están al pendiente de controlar y eliminar las plagas o enfermedades de cultivos, árboles o animales; asimismo, realizan el cuidado de árboles. Algunas de estas prácticas —de cómo tratar sin químicos las hortalizas— fueron parte de talleres que les dieron gratuitamente (productores cafetaleros 2022). La siguiente tabla (núm 19) fue realizada con los esposos de las mujeres cafetaleras en el primer taller hacia la igualdad de género, se presentan las prácticas agrícolas de los varones.

Actividad	Jefe/esposo	Hijos	Peones
Preparación de la parcela	x	x	x
Plan de cultivo	x	x	
Siembra	x	x	x
Poda	x	x	x
Trasplante	x	x	
Limpieza y desinfección	x	x	
Fertilización (abonado)	x	x	x
Deshije	x	x	
Semillero	x	x	
Deshierbe	x	x	
Manejo de cosecha y postcosecha	x	x	x
Bienestar de los trabajadores del huerto	x	x	x
Combustión de desechos	No	No	
Riego de plantas	x	x	
Alimentación sana de animales	x	x	
Colecta de huevos	x	x	
Elaboración y preparación de nidos de aves	x	x	
Cuidado de árboles	x	x	x
Mantenimiento de bardas	x	x	
Control de plagas y enfermedades de cultivos, árboles o animales	x	x	
Diversificación de cultivos	x	x	x
Elección de cultivos endémicos	x		
Descanso del suelo	x		x
Manejo de envases	x		
Conservación de semillas	x		
Rotación de cultivos	x		x
Incorporación de materia órganica	x		
Cuidado del suelo	x		

	X	X
Calidad y manejo del agua	X	
Cuidado de insectos para combatir plagas	X	X
Utilización de plantas repelentes de insectos	X	
Herramientas de trabajo en buenas condiciones	X	
Cuidado de la planta o exceso de nutrientes	X	
Requerimiento de luz	X	
Control de húmedad	X	
Espacio entre plantas	X	
Manejo de residuos sólidos y líquidos	X	
Cuidado de la biodiversidad	X	
Bienestar animal	X	X
Medidas de higiene, antes y después por contingencia	X	
Libre de contaminación	X	
Nutrición de plantas	X	X

Tabla 19. Prácticas agrícolas de los hombres cafetaleros en el huerto familiar.
Fuente: Taller hacia la igualdad de género con esposos de las cafeticultoras y trabajo de campo 2022.

Ahora observemos la siguiente (figura 8), que se refiere a las prácticas agrícolas —por cada mes— de los esposos de las mujeres cafetaleras en el huerto familiar durante la pandemia COVID-19.

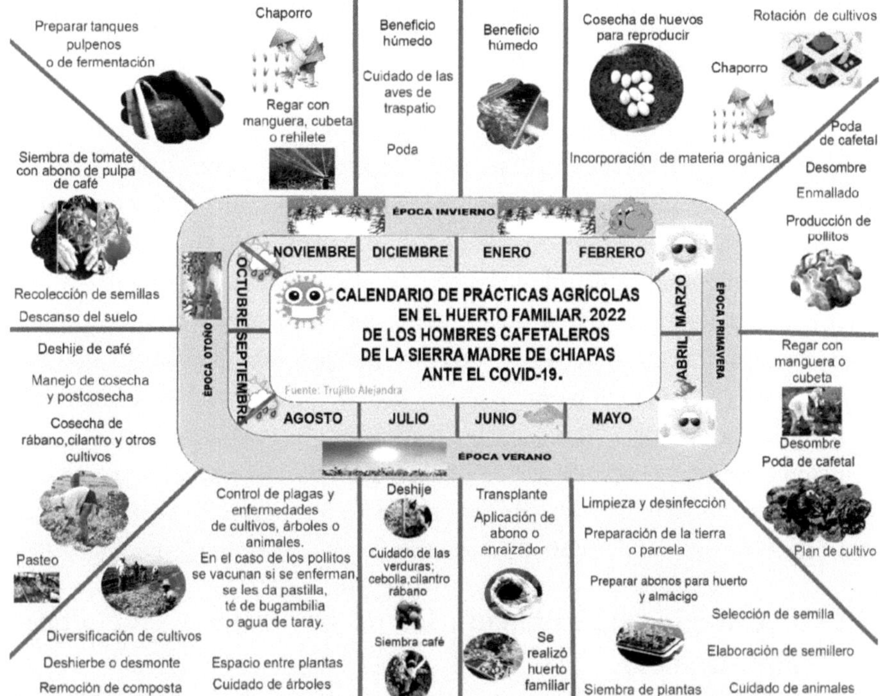

Figura 8. Calendario de prácticas agrícolas de los esposos de las mujeres cafetaleras en el huerto familiar. Fuente: taller hacia la igualdad de género y trabajo de campo con los esposos cafetaleros 2022.

Con la información presentada se deduce que los hombres tienen una participación considerable en el trabajo del huerto y varias de las acciones que realizan las mujeres también las hacen los varones; especialmente las que implican mayor fuerza humana. Algo significativo es que los varones (ver tabla 19) mencionaron tener un plan de limpieza y desinfección en cuanto a las diferentes actividades que llevan a cabo en el sitio, quizás sea porque han tenido más capacitaciones respecto al buen manejo agrícola de los cafetales. En comparación a las mujeres quienes, a pesar de ser productoras de café con su propia marca, les ha costado visibilizar sus labores agrícolas-reproductivas y que los cursos o talleres que les brinden a ellas se enfoquen primordialmente en este tema.

El trabajo del sitio está relacionado con la producción de los cafetales, pues las buenas prácticas que se realizan en este sistema son un complemento de los insumos del huerto —desperdicios—, y los abonos orgánicos que se utilizan para producir el aromático son utilizados también en los huertos; del mismo modo, la pulpa del café les sirve como abono.

En las actividades agrícolas de las mujeres se observa que se reproduce el mismo patrón en cuanto a las actividades reproductivas, ya que la alimentación de las familias y de los animales del patio está a cargo de mujeres y niñas, así como los cuidados. En contraste, el trabajo de los hombres contempla el uso de la fuerza en el campo, la preparación de la tierra y enmallado. También tienen cuidados en lo agrícola, tanto de las hortalizas, animales, colecta de huevos, aunque no se observó que se inmiscuyan a fondo en la elaboración de alimentos o estrategias agroalimentarias para las aves, como lo hacen las productoras. Adicionalmente, realizan diversos cuidados, pero no se involucran en los quehaceres de la casa, ni en las labores reproductivas agrícolas. Lo reproductivo, en ambos contextos, se atribuye a la sociedad femenina.

5.8 Estrategias agroalimentarias de las mujeres cafetaleras para la salud

Las productoras cafetaleras tienen estrategias agroalimentarias que contribuyen con la salud de sus familias y de la naturaleza, es decir, de las cosechas de sus sistemas productivos poseen diversos conocimientos y modos de procesamiento de los alimentos para que les rindan más, se conserven y se utilicen para comer de diferentes maneras siendo mayormente nutritivos, ya que la variedad de los cultivos es diversa. Cuentan con un conocimiento culinario ancestral del valor nutricional y sobre formas de preparación de los alimentos (Desarrollo Forestal Campesino 1998). "Las estrategias agroalimentarias contemplan la sostenibilidad de la vida y comprenden desde la producción, preparación de alimentos, cuidados, consumo y la distribución, ya que son estrategias de sobrevivencia y son un conjunto de actividades en torno a la alimentación relacionados con esas responsabilidades prácticas y sentidas para las mujeres indígenas" (Trevilla-Espinal 2015: 102).

Cuentan con diferentes especies cultivadas en el huerto familiar, que transforman y conservan de distintas formas, hacen conserva de camote, calabaza con azúcar, panela o piloncillo. Adicionalmente elaboran salsas de tomate rojo, del tomatillo de monte y jugos de limón, naranja, mango, guanábana, mandarina que son bebidas refrescantes; estas especies también son utilizadas para elaborar encurtidos de chile o para la salmuera. Además, se los regalan e intercambian con la familia y su grupo doméstico; el chile, por ejemplo, se seca y se guarda para conservarlo; el nance lo procesan en curtido; la pacaya se prepara baldada, hervida o encurtida, es un producto muy consumido en la región que sale en época de lluvia y se realiza de múltiples maneras, picada frita, lleva sal, knorr[11] o tomate, se vuelve de color amarillo y se cocina con huevo. De igual manera la uva o mora, que se da en los cafetales, es utilizada para producir mermelada, bolis naturales y aguas frescas.

Las mujeres cafetaleras reconocen el aporte nutricional de los productos cosechados en sus sistemas productivos. Si bien consumen enlatados como sopas, sardinas y otros, les añaden verduras para obtener una mejor nutrición; a los caldos les agregan frijoles, arroz y chiles, lo que hará que ese platillo sea más rendidor y se sientan saciados. Además, para acompañar algunas comidas, las familias tienen conocimientos culinarios de cómo elaborar caldos de chile a base de agua, con cilantro de monte, planta silvestre fomentada que se da en los cerros y que es parte de la culinaria local, lo que complementa la alimentación y seguramente tiene beneficios para la salud.

La etnografía feminista permitió conocer diversos platillos en una de las fiestas que realizaron el 15 de mayo en el rancho de una familia. Se observó el consumo de refrescos de Pepsi y Coca Cola, botanas hechas a base de salchicha y chiles chipotles —productos industrializados—, que utilizan únicamente en celebraciones o convivios; en su cotidianidad suelen consumir aguas naturales y alimentos locales. La producción de cerdos es para la venta al mercado local o eventos importantes; en este caso, la elaboración del platillo principal para la fiesta fue cochito al horno, con las diferentes partes del cerdo fueron creadas distintas variedades culinarias, como tinga acompañada de zanahoria y cebolla.

En su cotidiano, en el desayuno, las familias habitualmente comen huevos y frijoles con una taza de café; en la comida suelen consumir el plato principal del día, que puede ser pollo en caldo, sopa con verduras, frijoles, sardina con verduras y arroz, atún con mayonesa y verduras; en la noche casi no acostumbran cenar, a excepción de un vaso de café, con pan o galletas; algunas personas si deciden cenar, pero esta decisión se relaciona con el transcurrir de su jornada, pues ocasionalmente consumen diversas frutas —de sus producciones— como la paterna, el mango o el chilacayote, que en algunos casos se compra en San Cristóbal de Las Casas y se prepara en dulce. A continuación, se amplía el tema y se explica la tabla de las estrategias agroalimentarias y culinaria local de las mujeres cafetaleras (ver tabla núm. 20).

Preparación de alimentos		Producción de alimentos		Procedencia de los alimentos	Quién compra los alimentos		Mayor producción de alimentos	Escasez de alimentos	Guardan o conservan semillas	Usan plantas del huerto para comida o medicina	Con qué frecuencia consume refrescos o enlatados	Formas de preparación de los alimentos que consume
H	M	H	M	Cafetal/Huerto/Milpa/Tienda	H	M	Mes/Año 2022	Mes/Año 2022	¿Cómo?	¿Cuáles?	Consumo por Semana	Frito, asado, hervido u otro
	x		x	Almácigo, café, huerto, no enlatados		x	Mayo a Junio Septiembre-Octubre	Marzo-Abril	Sí, a veces en periódico o envuelto en bote de avena, papel de tortillas	Sí, epazote, té limón, hinojo, té de lima	Una vez por semana	Hervido con sal antes consumía sin sal
	x	x	x	Café, huerto, tienda		x	Tiempo de lluvia	Sequía	Sí, dejando una planta para semilla	Limón, naranja, cilantro, hierbabuena, ajo, ajenjo	Tres veces por semana	De las tres formas
	x		x	Tienda		x	Junio-Julio	Febrero-Marzo	Todo es comprado	Hierbabuena, epazote	Una vez por semana	De todas las formas
	x	x		Los cafetales, fruta y verduras de las pequeñas, en las milpas	x	x	Mayo-Junio, Julio hasta octubre	En temporada de sequía 12 de abril	Conservamos semillas de maíz, café, calabazas	Té de limón, verbena, hierbabuena, sosa, epazote, tomillo, limón	Una o dos veces por semana	De todas las formas
	x	x	x	Cafetal, huerto y tienda	x	x	Julio, Agosto, Septiembre, Octubre	Sequía	Conservan maíz, frijol y café	Agua preparada limón, guanábana, naranja, hierbabuena, cilantro	Una vez por semana	De las tres formas
	x	x	x	Cafetal, huerto, mercado	x	x	Temporada de lluvias	Febrero, Marzo, Abril	Frijol, maíz, café	Hierbabuena, hinojo, albahaca, naranja, limón	Muy poco	Variadas
	x	x	x	Tienda, verdulería, huerto	x	x	Temporada de lluvia	Abril	En bolsas	Chiles de mata	No consumo	Frito, asado
	x	x	x	Cafetal, huerto		x	Lluvia	Sequía	Sí, secado	Sí, hierbasanta, hierbabuena	1 vez por semana	Tres formas
	x		x	Cafetal, huerto, tienda		x	Junio-lluvia	Marzo	Sí, en bolsa de plástico	Sí, el epazote, cilantro de monte	Poco	Hervido y frito
	x		x	Café y tienda		x	Lluvia	Abril	Sí, en bolsa de metal	Sí, cilantro, hierbabuena, limón	Una vez por semana	Tres formas
	x		x	Tienda	x	x	Julio, Agosto, Septiembre	Sequía	Sí, en bolsas o frascos	Epazote, hinojo, árnica, vaporub, té de limón	Casi no	Hervido o frito
	x			Mercado a veces huerto y cafetal	x	x	Temporada de lluvia	Tiempo de calor	Sí, en bolsas o periódico colgadas	Sí, ajo, cilantro, chile	Dos veces por semana	Todas las formas
	x	x	x	Cafetal, tienda y huerto	x	x	Julio-Octubre	Sequía, escasez de agua	Sí, de café y maíz	Epazote, hierbasanta, ajo, limón	Una vez por semana	De cualquier forma
	x	x	x	Tienda, huerto, cafetal	x	x	Julio a Octubre	Abril	Sí guardamos en frascos o bolsas	Sí, limón, naranja, lima, epazote, bugambilia, cebollín, sábila	Tres veces por semana	Frito, hervido y asado a veces
x	x	x		Tienda, cafetal	x	x	Época de agua	En tiempo de calor	En bolsas	Sábila, epazote, ruda, jengibre	Tres veces por semana	Frito y hervido

Tabla 20. Estrategias agroalimentarias y culinaria local de las mujeres cafetaleras 2022.
Fuente: trabajo de campo y taller del plato de la buena alimentación 2022.

La información —de la tabla núm. 20— se obtuvo en el taller del plato de la buena alimentación con las productoras cafetaleras. Al preguntar ¿quién realiza la preparación de alimentos? Se tiene que la mayor participación es de las mujeres; solamente un varón hace comida, quehaceres domésticos y apoya a su esposa quien trabaja en las oficinas de la organización cafetalera. Luego se indagó sobre la producción de alimentos, la cual está a cargo de las mujeres, con el sitio y la milpa, mientras que los hombres también poseen una importante intervención en este aspecto. La milpa, al parecer, se ha desvalorizado; y las producciones son escasas. La procedencia de los alimentos es del cafetal, huerto-milpa y la tienda. Algunas personas no les gusta consumir productos enlatados, porque padecen ciertas enfermedades y tienen restricciones médicas; otras familias compran en el mercado o la verdulería del centro.

La mayor producción de alimentos es en temporada de lluvia, de junio a octubre; y la escasez se da en tiempos de seca, con la carencia de agua y tiempo de calor de marzo-abril. Respecto a las semillas, como se puede observar se conservan de diferentes maneras.

Sobre las plantas utilizadas en la preparación de comida y medicina, sobresalen el limón, epazote, hinojo, té de lima, naranja, hierbabuena, verbena, sosa, ajo, ajenjo, tomillo, guanábana, albahaca, chiles, hierbasanta, cilantro de monte, árnica, vaporub, bugambilia, cebollín, sábila, ruda, jengibre, por mencionar algunas. Al preguntar la frecuencia del consumo de refrescos o enlatados, señalaron que los consumen de una a tres veces por semana; son pocas personas que no desean comer o que casi no compran este tipo de productos procesados.

Respecto a las formas de preparación de los alimentos, se indagó si era frito, hervido o asado. La mayoría los elabora de las tres maneras, pero quienes tienen —restricciones médicas— preparan sus comidas hervidas con poca sal o sin sal, y sin grasa. En general, la tabla núm. 20 denota que uno de los principales gustos de las personas es consumir la comida frita, lo cual probablemente se asocia a las diversas enfermedades de las mujeres cafetaleras. "La Organización de las Naciones Unidas para la Alimentación y Agricultura (FAO) y la Organización Mundial de la Salud (OMS) indican que el alto consumo de alimentos fritos es un factor de riesgo para la salud, por los compuestos tóxicos. El incremento de la grasa conlleva a una mayor incidencia de cáncer de mama, colon y próstata" (Montes O. et al 2016: 1).

Se aprecian cambios en las estrategias agroalimentarias de las mujeres, en cuanto a la forma tradicional de preparación de los alimentos así como de los medios para obtenerlos. Si bien, antes del desarrollo de la tecnología, las maneras de elaboración eran sencillas y menos dañinas, "la técnica de preparación frita es antigua y esencial. Hoy en día, como señalan diversos investigadores el consumo excesivo de grasas saturadas, azúcares y sodio, se asocian con la globesidad —obesidad global—, especialmente en los niveles socioeconómicos más bajos" (Montes O. et al 2016: 4).

Los testimoniales de la culinaria local son los siguientes (ver tabla 21):

"Se hace la pacaya y el chile medio cocido con dos lavadas en agua fría y con aceite de oliva, chile verde,
"Zanahoria, con hojas de laurel, se conserva y se pone a la venta a diez pesos"
"La pacaya la preparamos en sincronizadas y vinagreta"
"El limón, la guanábana se congelan, los exprimo y los meto en el refrigerador para conservar. En el caso del tomate lo hago licuado y lo guardo en bolsita, el cebollín en papel y en el caso del cilantro las semillas quedan por dos semanas en papel de envolver o papel periódico"
"Congelo algunas frutas para hacer agua de mango en dulce, curtimos nance con azúcar e igual el níspero"

Fuente: trabajo de campo 2022.

5.9 Principales dificultades del huerto familiar

Las principales problemáticas asociadas al huerto están relacionadas con la falta de espacio que tienen las familias cafetaleras, ya sea por los patios de secado del café o por los árboles frutales —guanábana, coco—, que ocupan espacio y por la carencia de agua porque aunque rieguen seguido necesariamente acuden a la malla sombra, especialmente en temporada de calor ya que las temperaturas son altas y este material es caro para poderlo adquirir fácilmente, aunado a que las estructuras de hierro y plástico para el sitio requieren de dinero; para solventar esto, las personas utilizan piedra, madera, cáscara de palo, rejas, botellas bocabajo para para elaborar camellones. Necesitan un enmallado bien cuidado, comprar abono constantemente, regar con manguera, y estar al pendiente del agua, ya que el clima es un factor trascendental para algunas especies, y hay quien mencionó que se han enfrentado a problemas de robo de los productos comestibles del huerto, pero también dificultades con animales —gavilán o gato de monte— que se alimentan de las producciones de las aves del patio, las cuales deben permanecer en jaulas con mallas, además de que por ejemplo, la mula o el caballo se comen la calabaza y el maíz.

Por otro lado, algunas productoras se encuentran con padecimientos de la columna, por ello piden de favor a su esposo e hijos para que roturen y mezclen la tierra; se necesita de mano de obra en general. El huerto familiar requiere de muchos cuidados, de constante limpieza para que produzca, pero hay mujeres que se les dificulta y sus hijos trabajan o estudian fuera de la comunidad, por lo que el mayor apoyo que reciben es de su marido u otros parientes. Esto aunado al trabajo del cafetal, genera que en ocasiones no tengan tiempo para mantener el sitio en buenas condiciones. Respecto a las principales problemáticas del huerto mencionaron lo siguiente:

> *"Uno de los problemas de tener huerto es por cuestiones de falta de tiempo, por tener otra actividad. A veces se atrasa uno, por el tiempo no se puede regar y no sabemos cómo combatir algunas plagas; falta mano de obra, aunque los niños chaporrean"* (entrevista a cafetalera 2022).

> *"Requiere de tiempo y cuidado, es mucho trabajo. Se fueron mis hijos y mi esposo me ayudaba. Quiere limpio, regado, calzado"* (entrevista a cafetalera 2022).

En ese sentido, además de las dificultades del agua —escasez— en temporada de seca, las plagas son otro problema significativo al que le han dedicado atención sobrellevándolo conforme a sus conocimientos tradicionales. Hay personas que no saber cómo tratar ciertas plagas del chapulín, arriera negra y otras; y les hace falta herramientas para continuar con el trabajo del huerto, porque el material y la inversión que deben realizar les resulta cara, aunado a que el transporte hacia sus ranchos es complicado. En general, mencionan que el principal inconveniente de tener huertos radica en la falta de espacios y las plagas. Quienes no lo tienen señalaron haber tenido hortalizas sembradas; pero por carencias de agua éstas no se mantuvieron. Por ello, algunas jóvenes —que ya están casadas— van a pedirle productos comestibles a sus papás: aguacate, chayote, calabaza, limón u otros.

5.10 Control de plagas biológicas para el huerto

Una de las prácticas agrícolas más importantes, en el sitio es el control de plagas biológicas con la utilización de ciertos cultivos que poseen propiedades repelentes. "En todo huerto es conveniente tener plantas aromáticas y medicinales, las cuales tienen doble propósito: de uso medicinal y para condimento de alimentos, a la vez que ayudan al control de plagas; algunas, por su olor intenso repelen insectos nocivos, como la ruda, menta, tomillo, romero, albahaca" según el Programa para las Naciones Unidas y Corporación (PNUD EL Canelo de Nos 2016: 32).

Para lograr producciones sanas, las mujeres cuentan con conocimientos locales que no implican mucho dinero, sino tiempo y paciencia para tratar las diferentes plagas (ver tabla núm. 22) a las que se enfrentan. Algunos testimoniales son los siguientes:

Testimoniales
"Hacemos caldos agrícolas, agua de chile; control de podas, regulación de sombra para café"
"En el huerto aplico cal para regulación de babosa"
"Aplico agua de jabón; a veces cae el animal en la verdura, pone huevitos y son gusanos"
"Para que nazca el hijuelo con ceniza o agua de jabón"
"Pongo caldos minerales"
"Cuando sale chupalín o gusano, le pongo agua de chile y cebolla y se conserva en botella de plástico, dos días después se le riega en la planta"
"Pongo caldos foliares o ceniza para plaga"
"Curamos la tierra con ceniza de fogón de leña y se entierra"
"A veces le regamos agua de cal, para el gusanito; el hinojo crea mucho gusano"
"Se le pone hoja de higuerilla y se hace una limpieza y desinfección con cal"
"Para las plagas se utiliza la ceniza que se le pone también al huerto"
"Siembra de ruda, albahaca y abono orgánico alrededor del terreno"
"Se le pone agua de jabón y se hace el corte de rama o gajo desinfectado"
"Sí, yo he regado agua de chile para el gusano que deja huevos"
"En la papaya y rábano, el gusano le come las hojas; sólo los mato y con el control de uso de productos orgánicos en base a conocimientos de capacitadores"
"Hay plagas en la milpa, cocoyo es un animal que come la planta; los pájaros sacan la semilla, las hormigas comen la semilla del maíz cuando no llueve"
"Para tratar las plagas con ceniza y agua de jabón"
"La arriera es una plaga que comió las hojas de las plantas. Le ponemos cal y agua de nixtamal para ahuyentar, traemos un hormiguero de otro lugar, que es un abono"
"Para el control de plagas le sembramos alrededor epazote, agua de ajo y ruda, también para el gusano verde"

Tabla 22. Conocimientos tradicionales del control de plagas biológicas de grupos domésticos cafetaleros. Fuente: trabajo de campo 2022.

Estas diversas actividades —del control de plagas— forman parte de las prácticas agrícolas de las mujeres, del uso y conocimiento de los saberes locales que ellas tienen. Asimismo, representa un gran reto para la continuidad de los huertos de las familias cafetaleras; aunque es evidente la participación de todos los familiares. En el siguiente apartado se hace referencia al trabajo de la familia en el huerto.

5.11 La familia y el huerto

El trabajo familiar resulta significativo en la labor del huerto. Aunque, las mujeres están a cargo de él, en el caso de las familias cafetaleras todas y todos apoyan en diferentes actividades, tanto jóvenes, niños, ancianos, adultos y personas que contratan, especialmente de los Altos de Chiapas, para trabajar en el cafetal o en el sitio. Esta labor es en conjunto y generalmente los varones ayudan a construir camellones, enmallados, acarreo de tierra (ver tabla núm. 23). Además, las y los jóvenes, aunque estén estudiando o trabajando, también colaboran con acciones puntuales apoyando a su familia. Algunos testimoniales son los siguientes:

Testimoniales
"A veces mi hijo ayuda a picar la tierra. También los niños riegan la verdura"
"Mis hijos ayudan, tengo un niño de 17, otro de 14 y de 12 años; ellos juntan la tierra o escarban, hacen un hueco y acarrean la tierra negra; llevan un costal y con cubeta"
"Mis hijos varones y mi esposo se van al huerto del maíz. A veces voy a trabajar para el acarreo de tierra y abono, pero ahora nació mi bebé y no puedo"
"Mi esposo ayuda con la tierra a cargar del cafetal"
"Mi esposo me ayuda; mi hija acaba de nacer"
"Mi esposo lo hace y si se requiere cambiar la tierra se pagan cinco jornales para sembrar y ver la importancia de sandía y melón"
"Mi esposo prepara la tierra; él limpia, le pone abono natural de pulpa de café"
"Mi esposo ayuda, porque mis hijos están en la escuela"
"Yo limpio y pago a empleados"
"Para la búsqueda de nueva tierra, se paga jornalero"
"Nos ayudan con cursos y los técnicos con capacitaciones"
"Mi hijo acarreaba mucho abono, mi esposo lo revuelve con cal para sembrar verduras; sólo así la tierra es muy dura. Para la verdura debe estar suave la tierra" "De lo mismo que sembramos, eso podemos cosechar"

Tabla 23. Redes de ayuda de familiares o parientes en el trabajo del huerto familiar.
Fuente: trabajo de campo 2022.

La participación del esposo para las mujeres cafetaleras es fundamental, porque hay quienes tienen bebés recién nacidos y se deben llevar a cabo actividades pesadas que no pueden realizar, como acarrear la tierra proveniente del cafetal, de ahí que los hijos varones repliquen esta misma labor, junto con los padres; mientras las niñas o jóvenes siembran y riegan. Respecto a estas redes de apoyo, se presentan a continuación los principios y los valores (fig. núm. 9) de las familias en sus labores agrícolas o reproductivas.

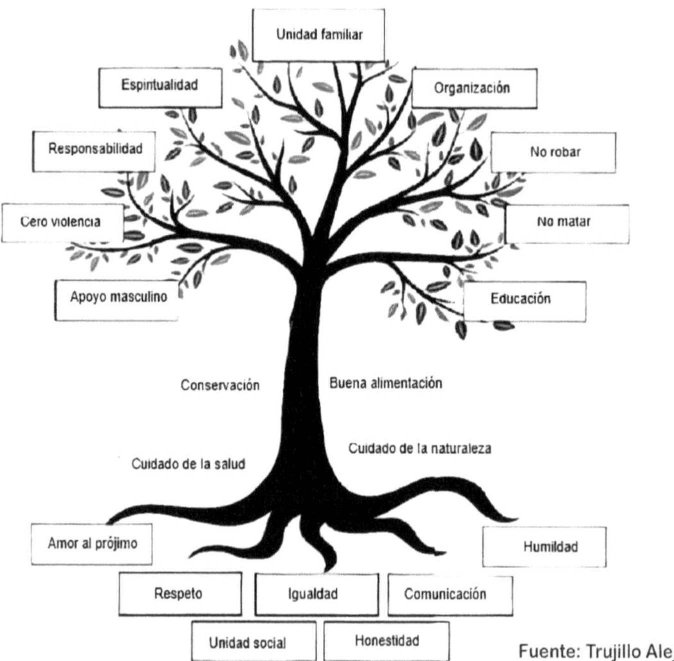

Figura 9. Árbol de valores de las familias cafetaleras en el trabajo agrícola del huerto y en el ámbito reproductivo.
Fuente: trabajo de campo 2022.

Respecto a los valores que tienen, tanto en el trabajo agrícola como en el ámbito familiar o reproductivo, las mujeres hicieron hincapié en el amor, especialmente al prójimo, a la familia, a la naturaleza; y justamente por amor realizan una serie de trabajos no remunerados y cuidados esenciales para la continuidad de la vida; asimismo aportan con sus prácticas agrícolas, que son parte de las atenciones fundamentales para el medio ambiente. Las mujeres mencionaron el respeto, la igualdad de género: que tengan las mismas oportunidades y se revierta la violencia; la unidad social, humildad, honestidad y la importancia de aprender a comunicarse. Lo antes mencionado se transformaría en frutos que son: la unidad familiar, espiritualidad, organización, responsabilidad, el no robar y no matar. Ante el incremento de trabajos —agrícolas y reproductivos— para las mujeres durante la pandemia, las productoras abogan por que exista el apoyo masculino con los quehaceres del hogar y que esto conlleve al cuidado de su salud; con el fomento de la conservación de la naturaleza a partir de la buena alimentación para todos los seres vivos.

5.12 Atributos y división sexual del trabajo —agrícola-reproductivo— de las familias cafetaleras

A continuación, se presentan los atributos que caracterizan a las mujeres y hombres —participantes del proceso de investigación—, así como los lugares o espacios en donde más se encuentran cualquiera de los géneros (ver tabla núm. 24). Lo que ayuda a explicar las cualidades y la división sexual del trabajo, que subordina e invisibiliza a las productoras en las labores del huerto familiar. Esta información se obtuvo en el taller hacia la igualdad de género con las familias cafetaleras.

¿Cómo son o cómo nos gustaría vernos?		¿En qué lugares las (os) encontramos más?	
Mujeres	**Hombres**	**Mujeres**	**Hombres**
Son hermosas	Son trabajadores en campo	Están en la cocina	Se ven en el futbol
Trabajadoras	Estudiosos	Cafetal	Trabajo comunitario
Contentas	Son negociadores —gestores en lo público—	Huerto familiar	Algunos en la cantina
Deberían ser estudiosas	Son responsables	Beneficio húmedo	Caminan en las carreteras —andan más solos—
Tienen carácter débil	Apoyan	Se encuentran en los talleres relacionados a la producción del café	En la calle
Que sean más participativas	Comunicativos	Trabajan en la oficina	Van a las peleas de gallo
Son respetuosas	Buenos	Están en las tiendas	
Amables	Respetuosos	Se ven mujeres en los transportes	
Son deportistas	Ellos mandan	En el campo	
Que viajen	Son enojones		
No más muertes	Proveen lo económico en el hogar —administran—		
Que practiquen administración de empresas	Fuertes en físico y carácter		
Que sean comprensivas, porque a veces los hombres no pueden	Callados y no demuestran sus sentimientos		

platicar porque están cansados	
No más asaltos	Son machistas/ no queremos que lo sean
No violaciones	Apoyan en el campo
No robos	Caballerosos
Que salgan más de casa	Deseamos que dejen decidir a las mujeres
	Que apoyen en los quehaceres de la casa
	Sin violencia —física, verbal y emocional—
	Que sean comprensivos
	Dar prioridad a las mujeres
	No violadores
	Sin acoso sexual y laboral
	Apoyo moral
	Que valoren el trabajo de las mujeres

Tabla 24. Atributos y división sexual del trabajo de mujeres y hombres cafetaleros.
Fuente: trabajo de campo y taller hacia la igualdad de género 2022.

En el taller participativo se preguntó acerca de cómo son las mujeres y hombres, y cómo les gustaría verlas (os). Los varones —sobre las mujeres— respondieron respecto a los atributos femeninos alusivos a la belleza, al trabajo, a su carácter sumiso. Sobre la parte profesional, ellos señalan que quieren que las mujeres se superen profesionalmente y que salgan más de la casa; asimismo mencionaron necesitar la comprensión de ellas cuando los varones no desean hablar por el cansancio, aunque también manifiestan que la sociedad femenina debería estar libre de violencia.

Respecto a los comentarios de las mujeres —sobre los hombres— mencionaron que ellos generalmente trabajan en el campo, proveen lo económico y son los que mandan; señalaron sobre su carácter y físico fuerte. Es conveniente mencionar que algunas de las productoras se han sentido apoyadas por sus esposos en el trabajo agrícola; en contraste, ellas quisieran que se les permita decidir libremente, que les apoyen en los quehaceres de la casa, que no haya violencia ni acoso sexual, porque han vivido en un entorno machista; por ejemplo, algunas personas dijeron que en los ranchos o comunidades más lejanos los hombres no dejan salir a las mujeres ni que participen en ciertas actividades, además una productora mencionó que en el tiempo de su niñez su papá no le permitió estudiar porque las mujeres debían realizar las labores de la casa. También, se mencionó acerca del acoso sexual que han vivido algunas mujeres en su centro de trabajo, estas acciones machistas imposibilitan la emancipación de las productoras, y hoy en día, algunas sienten que deben estar en casa con el cuidado de sus niñas y niños, sin embargo, desean que su trabajo sea valorado porque el machismo las imposibilita a otras oportunidades además de que existe una sobrecarga de trabajo que las subordina e invisibiliza asociada a la histórica división sexual hegemónica del trabajo, valorar su trabajo comprende una responsabilidad compartida de los quehaceres domésticos del hogar con ayuda de los hombres.

En cuanto a los lugares y espacios donde se encuentran los varones y las mujeres, los esposos hicieron alusión al rol hegemónico para las mujeres, haciendo referencia a que permanecen en la cocina. En ese sentido, los programas y capacitaciones que ha tenido el grupo de productoras, algunos, son dirigidos específicamente para ellas; por ejemplo, talleres de conserva de alimentos, lo que continúa perpetuando el rol histórico como responsables de la preparación de comida. Asimismo, mencionaron que están en el cafetal, en los huertos familiares, pues son parte de sus ocupaciones; en el beneficio húmedo, en general en el campo, en oficinas, talleres, tiendas y transportes podemos apreciar la presencia femenina.

Ellas señalaron que los hombres se encuentran en el futbol, en las cantinas, en los trabajos comunitarios; pueden andar solos en las carreteras, en las calles, a diferencia de las mujeres que no deben caminar solas; en suma, la presencia de varones se nota en las peleas de gallo. El hecho de que algunos hombres cafetaleros se encuentren en estos lugares acarrea desventajas o problemas en el interior de la familia, por ejemplo, mencionaron que los varones que se pasan de copas en las cantinas se gastan el dinero de la comida y las mujeres son quienes deben procurar por obtener los recursos económicos para comprar los alimentos.

Capítulo 6. El huerto y el consumo de alimentos de las familias cafetaleras ante el COVID-19

6.1 Alimentación local de tres sistemas productivos -huerto, cafetal y milpa-

La mayoría de las mujeres cafetaleras viven en ranchos o comunidades alejadas de lo que podría llamarse el centro de una localidad del municipio de La Concordia. Pese a esto, el modelo de alimentación global está presente en tiendas tanto de Liconsa y otras con productos procesados. Si bien los cultivos del huerto-milpa y cafetal (ver imagen no.5) son parte del consumo actual de alimentos, también los productos industrializados de los almacenes resultan evidentes (ver imagen no. 6 del camino alimentario).

A continuación, se presenta el plato de la alimentación (imagen no. 5), formado por las mujeres cafetaleras; donde además traen a cuenta conocimientos de sus madres y abuelas, por considerar que los productos locales son parte de una buena alimentación y nutrición.

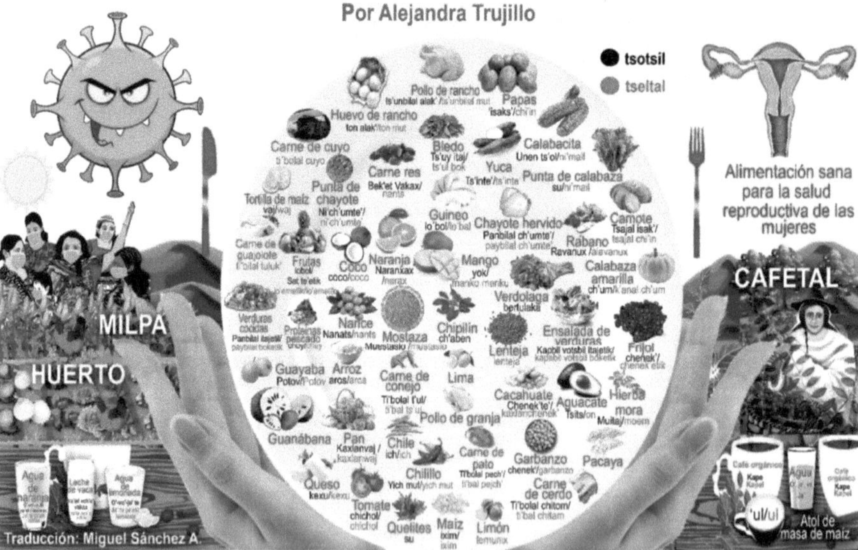

Imagen 5. El plato de la agroecoalimentación saludable del huerto, cafetal y la milpa ante el COVID-19 de las mujeres cafetaleras —conceptos traducidos al tsotsil-tseltal—.

Fuente: trabajo de campo 2022; y taller del plato de la buena alimentación con las mujeres organizadas cafetaleras. Traducción de palabras al tsotsil-tseltal por Miguel Sánchez Álvarez 2022.

El plato de la buena alimentación —agroecoalimentación— que se muestra en la imagen no. 5, contiene los grupos de alimentos: frutas, verduras, semillas y bebidas más representativas. Sus nombres se presentan en español y están traducidos al tsotsil —color negro— y tseltal —color azul—.

Agroecoalimentación es un término que hace alusión a la relación que existe entre ecología, sociedad y naturaleza, en términos de alimentación saludable para la buena nutrición (Cadavid Castro y Giraldo Londoño 2017). Se conforma de especies de la región del campo hacia el plato. En este caso, el plato se formó con los productos locales, que son parte del conocimiento de las mujeres y los obtienen de tres sistemas productivos: huerto, cafetal, milpa y frijol.

Las especies del huerto más utilizadas en la preparación de alimentos son el ajo, cebolla, cebollín, zanahoria, betabel, lechuga, epazote, chaya, hierbabuena, tomillo y jengibre.

En la imagen se observan especies de diversos colores, por ejemplo, las frutas y verduras que son para la alimentación, los árboles de guineo en diversas variedades, guanábana, nance, lima, naranja, guayaba, limón, coco, piña, uva —que se da en los cafetales—, el mango que se consume en el día o tarde, ya sea en forma de bebidas o de otras maneras. El pozol es otra de las bebidas representativas elaborado a base de maíz, y que se toma generalmente a medio día, se acostumbra a beber una taza o más de café orgánico, durante el día y diferentes tipos de tés naturales, pero también hay quienes señalan que la leche de vaca era consumida en esas zonas ya que tenían producción de ganado.

Sobre las verduras y hortalizas más consumidas son la hierbamora, chipilín, bledo, chayote hervido, punta de chayote, quelites, verdolaga, punta de calabaza, calabaza, papa, aguacate, mostaza, camote, yuca, pacaya, tomate, cebolla, zanahoria, betabel y otras. Las frutas y verduras también son compradas en las verdulerías que existen en la localidad. Otros productos son comprados, como los granos o cereales del maíz, frijol, arroz y lentejas.

Las mujeres del grupo organizado consumen huevos de patio y pollo de rancho que no falta a diario. Aunque hay familias que no tienen suficiente producción de aves en el huerto lo complementan con huevos de granja, pero es más caro —cinco pesos cada uno—. También comen la carne de conejo, de pato, guajolotes, cuyos, la carne de res, de cerdo en diferentes platillos. Existe poco consumo de mariscos o pescados, ya que es difícil de encontrar; una vez por semana llegan los vendedores a las comunidades y ranchos. Los lácteos y la carne pueden ser inaccesibles por el costo y disponibilidad.

No se procedió a dividir el plato en diferentes grupos —como comúnmente se presenta— porque así lo dijeron las mujeres, y tendría en todo caso que relacionarse con las estaciones del año; sin embargo, algunos productos son difíciles de conseguir o varían con la región; por su precio y disponibilidad, ejemplo de ello son las semillas oleaginosas.

Es trascendental que el plato de la agroecoalimentación sea accesible y disponible para toda la gente de acuerdo con la región, cultura y materia prima al alcance para la salud; que esté adaptado a sus necesidades, posibilidades y a los sistemas productivos con los que cuenten; a su clima, pero desde la diversificación de productos comestibles.

Por otro lado, se encontraron a tres mujeres en periodo posparto y de lactancia; una de ellas con 19 años, es hija de una productora y aunque aún no pertenece al grupo de caficultoras comentó que en su momento sí le gustaría ingresar. Las otras dos tienen 32 y 37 años respectivamente, con bebés recién nacidos o de pocos meses. Ante esto es conveniente reflexionar en torno a la alimentación saludable, relacionada con quienes se encuentran apartadas en los ranchos o comunidades de La Concordia, ya que el acceso a un hospital u otra atención les es complicado, por la carencia de recursos económicos.

6.2 La milpa y el frijol en el huerto de las familias cafetaleras

El maíz sigue siendo la base de la alimentación local y se consume de diferentes formas: tortillas, atole, tamales; además de otras plantas que se dan en la milpa como frijol, calabacita, cacahuate, garbanzos, tomate, diversos tipos de chile.

La producción de la milpa y frijol se realiza en dos huertos de las productoras —que viven en una comunidad aledaña al centro—, seis mujeres sí producen —cada año—; no obstante, el resto de las 20 mujeres ya no lo siembran. Para los grupos domésticos que viven en los diferentes ranchos o comunidades, no falta en la mesa sus tortillas de maíz. Las dos familias que producen milpa en sus huertos no les gustan consumir las tortillas industrializadas, e incluso se han opuesto a la introducción de este tipo de empresas que llegaron en un momento crucial puesto que los espacios de siembra de este cultivo fueron ocupados por los cafetales.

Las familias y grupos domésticos ya casi no cultivan la milpa, hay quienes deciden comprar bultos con 10 kg de maseca para elaborar sus tortillas, porque les ahorra tiempo. En algunos casos porque tienen problemas en el suelo o por plagas que nos les permite continuar sembrando. Sin embargo, el maíz es parte del alimento de las aves de corral que se encuentran en el sitio.

Un productor maicero y cafetalero esposo de una productora mencionó lo siguiente:

> *"Mi papá contaba que su sistema de cultivo de maíz era orgánico, hacía hoyos a cierta distancia, eran filas largas; recogía todo el estiércol de ganado con una medida para rellenar cada hoyo, ese estiércol se compacta y después de dos o tres días se sembraba maíz. La calidad de grano de ese entonces era mucho mejor, era de mayor peso, más dulce y nutritivo. Hay un cambio de manejo de la agricultura del maíz por la ambición de querer producir más, hay una competencia, porque si antes les daba 500 o 600 kilos, ya con fertilizante quieren triplicar la cantidad para producir más, para su autoconsumo y para vender; ya no es producido sanamente y en una línea de trabajo orgánico. Siembran en una pequeña superficie y cultivan más con el modelo convencional y en lo orgánico es totalmente diferente: siembro en una superficie más amplia y cultivo menos. Por*

ello a los seis años tenían tierras estériles y ahora la dosis de fertilización se duplica, porque la tierra ha perdido sus nutrientes, mientras los orgánicos seguían su mismo ritmo. A nosotros no nos interesa lo monetario sino el beneficio familiar y producir con orgánicos. Por lo menos vamos a estar un poco más sanos ante los fertilizantes sintéticos" (entrevista a productor cafetalero 2022).

Para la producción de la milpa utilizan fertilizante, aunque esto genera más costos para producir. Esto fue lo que dijeron algunos productores cafetaleros:

"Como presidente de Puerta a la Montaña, hace tres años logré avances en capacitación para el maíz por parte de jóvenes construyendo el futuro. Llegaron a producir en 30 metros cuadrados maíz orgánico. La diferencia entre el transgénico y criollo es que este último es manipulado sin fertilizante; del criollo es poca la producción que existe y es muy importante el rescate. La tierra está contaminada, por eso se usa fertilizante, se puede rescatar con buena voluntad no utilizando herbicidas; desde que se usa el fertilizante se han desarrollado varias enfermedades y las plagas de este producto se hacen muy resistentes" (entrevista a productor cafetalero 2022).

"Las familias cafetaleras consumen de un 80 % a 90 % maíz y frijol y otros cultivos que se dan en la milpa, pero desafortunadamente algunos les ponen urea a sus producciones de maíz" (entrevista a productor cafetalero 2022).

Es importante mencionar que las mujeres cafetaleras son esenciales en el trabajo de la milpa; como señalaron algunas productoras:

"Cuentan que antes la tierra era muy dura y era un área donde bajaban avionetas y tenían maíz. Luego sembramos y no crecían los cultivos, pero se abrieron hoyos y se puso abono" (entrevista a productora cafetalera 2022).

"Son admirables esas mujeres que hemos visto trabajando en la milpa, y se van cargando a sus hijos para el trabajo" (entrevista a productora cafetalera 2022).

Con estos testimoniales se nota la importancia que han tenido los cultivos básicos para la alimentación familiar y las grandes problemáticas a las que se enfrentan estas producciones derivado de la contaminación por los químicos pero también existe la consciencia de algunas familias sobre el aporte del trabajo orgánico y de las mujeres pese a las múltiples actividades o impedimentos que puedan tener, no solo producen la tierra sino que también alimentan a sus familias y a la naturaleza con sus labores agrícolas.

6.3 Alimentos procesados, plantas medicinales del huerto y las enfermedades durante la pandemia

En momentos de crisis por COVID-19 la inseguridad de adquirir alimentos aumentó. Para algunas mujeres cafetaleras les resulta difícil obtener los alimentos básicos (maíz y frijol) porque como se mencionó anteriormente algunas ya no lo producen por la falta de espacio y tiempo, además, hay familias que deben comprar en el mercado o tiendas. Con la pandemia la comida subió de precio y al no tener ciertas producciones en su huerto la situación puede verse desfavorecida sobre todo en momentos de crisis en donde sumado a la restricción del trabajo formal, la economía merma y se dificulta comprar ciertos alimentos especialmente para quienes se encuentran en los ranchos o comunidades más apartados. En la imagen núm. 6 podemos observar el camino alimentario del grupo de mujeres, que ha transitado del consumo de alimentos locales a los procesados con una mezcla de productos que las familias cafetaleras van adquiriendo en las diferentes etapas de su vida: infancia, niñez, adolescencia y adultez.

La información del camino alimentario fue obtenida mediante las dinámicas del taller del plato de la buena alimentación. Se generó la reflexión de cómo nuestra comida ha transitado por un cambio, de un antes y un después de la transformación de la agricultura y alimentos.

Imagen 6. El camino alimentario de las mujeres cafetaleras de la Sierra Madre de Chiapas, 2022.
Fuente: trabajo de campo 2022.

La imagen hace alusión a las diferentes etapas de transición de la alimentación. Se observa que, desde bebés, las madres y abuelas inculcaron la comida derivada de sus sistemas productivos —que aportan alimentos locales, aunque varían de acuerdo con cada región y clima—. El patrón alimentario se modifica con el incremento de productos chatarra como refrescos, dulces, sabritas, hamburguesas, que generalmente llama la atención de niñas, adolescentes y jóvenes; mientras que en la edad adulta —en el caso de las cafetaleras— se disminuye el consumo de estos productos. En este periodo parece ser que se replantea el valor de lo que comen, porque empiezan a consumir más frutas y verduras.

En el taller del plato de la buena alimentación, se les explicó sobre algunos de los componentes que se encuentran en los productos procesados que contienen sustancias peligrosas (imagen núm. 7), y que pueden causar diferentes cánceres, diabetes u otras enfermedades por su consumo frecuente; así que nos preguntamos ¿De dónde vienen los alimentos? ¿Quién los produce? ¿Por qué consumimos esos alimentos? ¿Qué aportan a nuestra salud?

Imagen 7. Rotafolios con información de los tóxicos y aditivos de diversos productos procesados.
Fuente: trabajo de campo y taller del plato de la buena alimentación con las familias cafetaleras, 2022.

La mayor parte de las mujeres desconocían los efectos nocivos de los productos procesados; por ejemplo, las sabritas, refrescos, dulces, salsas. Por ello se expuso y se revisó su contenido y las enfermedades que pueden generar al consumirlos de manera frecuente (Pérez 2019), lo que conllevó a una reflexión sobre la importancia de la alimentación local. Relacionado a esto, se obtuvieron datos de las enfermedades de las familias cafetaleras relacionadas con la alimentación en tiempos del COVID-19 y el uso de las plantas medicinales del huerto. Entre las mencionadas están las afecciones del sistema respiratorio, tos y gripe; del sistema digestivo, dolor de estómago, diarrea, salmonelosis —al parecer por el consumo de comida que venden en la calle y por tomar agua de pozo sin hervir—, tifoidea, fiebre, las cuales son tratadas con medicina de patente o con el médico comunitario; otras enfermedades son: dolores del cuerpo —rodillas, de cabeza, dolor de espalda—, mareos especialmente en las mujeres —cuando hay mucho calor—. Para aliviar estos padecimientos, consumen —por ejemplo— espada de rey para el riñón. Además, otras enfermedades consideran achaques al corazón, algunas de nacimiento o por la edad avanzada. A las personas adultas les ha dado asma, hay quienes tienen hernia de columna, alergias, rinitis, embolia por enojo, problemas del hígado, ataques epilépticos; enfermedades degenerativas como presión arterial alta, diabetes o parálisis por glucosa elevada y excesiva sal. Pocos hombres mencionaron tener presión alta y para evitarla señalaron que su jornada de trabajo es sólo por la mañana; la hipertensión es más frecuente en las mujeres. Mientras que los niños comúnmente se enferman del aparato digestivo, dengue o vómito, y los bebés de infecciones estomacales. Cuando les da dolor de cabeza toman tés frescos, como la hoja de aguacate o recurren a la pastilla de paracetamol. Una familia mencionó que en tiempos de floración del café les da gripa y tos a todos los familiares. Las personas que tienen diabetes y otras enfermedades también ingieren distintos tés naturales para curarse. Hay enfermeros o doctoras practicantes que llegan de Ciudad México, para realizar su servicio y son quienes les apoyan.

En el momento del confinamiento las plantas medicinales fueron importantes ya que las mujeres las utilizaron para elaborar tés de ajo, tomillo, jengibre, cúrcuma, hierba de perro o verbena; esta última señalaron que alivia dolor de estómago, de cabeza, quita la fiebre, es amarga y en tres días cura, además es utilizada para fortalecer el sistema inmune (entrevista a productora cafetalera 2022). A pesar de que la pandemia sorprendió a las personas en tiempos de seca, las familias decidieron resembrar estas especies medicinales para curarse.

De las personas entrevistadas, nadie se enfermó de COVID-19 pese que la gran mayoría no se vacunó. En ese sentido, se hizo alusión de que algunos de los familiares del grupo de mujeres sí se infectaron con el virus, pero se encontraban en Estados Unidos o eran de edad avanzada —de Villa Corzo de 60 y 72 años— o con enfermedades previas de cáncer; como el caso de una hermana de las integrantes de la cooperativa; y otras personas por tumor en el riñón o el cerebro que murieron recientemente.

Capítulo 7. Análisis

7.1 Los huertos familiares y las prácticas agrícolas de las mujeres en un contexto pandémico

Sobre los huertos familiares se han generado variados estudios en diferentes temas. Desde aquellos que resaltan su importancia como escenario de procesos de domesticación, hasta los que presentan su estructura, composición, diversificación, producción y función (Vogl et al 2004; Montagnini 2006; González-Jácome 2012; Lope- Alzina 2012; Mariaca 2012), entre otros. Pero ¿qué pasa con los huertos familiares en tiempos críticos de pandemia? En un contexto donde el cultivo del café ha ganado espacio no sólo a los cultivos básicos de maíz, frijol (Benítez Kánter 2017; Escobar- Colmenares et al 2020), sino también al área del sitio. ¿Quiénes realizan las prácticas agroecológicas? ¿Qué se produce en el huerto? ¿Qué tiempo se le dedica? ¿Cómo se divide el trabajo? ¿El papel de las mujeres sigue siendo fundamental? ¿Cuáles son sus estrategias agroalimentarias? Con estas inquietudes en mente es que queremos discutir los hallazgos de este estudio.

Por un lado, tenemos una crisis socioecológica de diversas pandemias como el COVID- 19 (OMS 2020) o la nueva pandemia que surgió en junio del 2022 —conocida como la viruela del mono (El Financiero 2022)—. La ONU señala que de los 2,300 millones de personas que duermen con hambre o sin suficiente cantidad de alimento el 11 % se encuentra en América Latina y el Caribe; y que el cambio climático, pandemias, crisis alimentarias, energéticas, y financieras ha dejado 9.7 millones de personas con necesidad de ayuda alimentaria e incluso es posible que se eleve a unos 13.3 millones de personas; en los 13 países donde la inflación de los alimentos está en aumento entre 11 y 26 % (Naciones Unidas 2022 : 1).

Por otro lado, con relación a los sitios, Kumar y Nair (2006) dicen que el sureste asiático y Mesoamérica son regiones con presencia ancestral de huertos familiares; autores como Lope-Alzina (2017) resaltan el valor del sistema y la necesidad de preservarlo como espacio de producción, que genera beneficios tangibles e intangibles. La importancia del sitio es trascendental y con un gran impacto positivo en todos los sentidos (Huerga 2020).

Ante la pandemia algunos estudios mencionan acerca del valor que cobró el tener un huerto familiar, ya que la vegetación a lado de la vivienda generó un ambiente confortable de sentimientos importantes como la alegría, paz, confianza, seguridad, por el contacto con las plantas, la liberación del estrés en un 90 % de los entrevistados; en medio de la crisis, sin embargo, algunas personas en lugar de realizar ejercicio tuvieron más quehaceres domésticos y para otras se incrementó la obesidad y sedentarismo (García Flores y Ordoñez Díaz 2022).

Los huertos son espacios productivos que aportan varios elementos para cubrir diferentes necesidades de la familia, entre éstas la alimentación con gran aporte de plantas alimenticias (Galluzzi et al 2010). En la presente investigación, la diferencia es que las familias cafetaleras habían abandonado los huertos familiares por la prioridad dada al aromático, para su economía; aunque no en todos los casos se abandonaron los huertos por completo, ya que se revaloraron durante el confinamiento, nuevamente se les dio importancia y se volvió a sembrar en el contexto de crisis de salud por COVID-19; se privilegió el cultivo de las plantas medicinales para fortalecer el sistema inmunológico, implementado por mujeres y hombres que se apoyaron con su conocimiento local —enriquecido con el conocimiento recibido en las capacitaciones para la producción del café desde una visión orgánica—. Las productoras fueron las principales en otorgar cuidados al huerto, con los saberes que mantienen a través de las prácticas agrícolas con fines de salud y alimentarios. En ese sentido, las mujeres siguen jugando un papel valioso en el huerto: conservación de conocimientos, recursos naturales, diversidad de los cultivos y en el resguardo de las semillas. El tiempo invertido en el trabajo del sitio es aproximadamente dos horas por día, y se distribuye entre los familiares.

Lo anterior coincide con Ramprasad (1999) porque menciona que las mujeres identifican las mejores plantas teniendo un especial interés en el tamaño, en la formación de granos, en la resistencia de plagas, ellas deciden qué método de conservación debe ser usado. Además, son quienes llevan las semillas a la divinidad de la casa para ofrendarlas; las variedades locales son estimadas como sagradas, mientras que las de alto rendimiento son consideradas impuras enviándose directamente al campo, donde los hombres son los responsables de sembrarlas. Por lo visto en campo, desde el paradigma de cuidado y procuración de la vida, las mujeres son las que guardan las sagradas semillas que proporciona la biodiversidad y tienen la labor de reproducirlas; si bien el varón también tiene injerencia en decidir qué se siembra, las productoras toman las decisiones principales sobre qué sembrar y qué otras actividades realizar. Además, complementan la milpa con el huerto, como menciona Hernández Galindo "la milpa puede ser complementada por el solar, especie de huerta doméstica que generalmente es atendida por las mujeres; es un modelo de alimentación tradicional, sustentable, accesible, asequible, saludable y culturalmente pertinente" (Hernández Galindo et al 2022: 5). Pero en el caso de los grupos domésticos cafetaleros no tienen mucho espacio en su vivienda para poder producir alimentos, y en tiempos de pandemia son aún más vulnerables.

Al diversificar los huertos familiares con árboles frutales y llevar a cabo prácticas forestales, como un sistema integral que combina distintos árboles, cultivos, e incluso animales, se destaca la importancia de los sistemas agroforestales —en este caso los sitios—. "La agroforestería es el nombre colectivo para designar formas de uso de la tierra, que combina plantas leñosas perennes, árboles, arbustos, palmas, o gramíneas con los cultivos agrícolas o animales" (Soto-Pinto et al 2008). Estos autores señalan que estas prácticas son importantes, ya que incrementan la productividad, aprovechan la luz, nutrientes y agua, el problema de la erosión y fertilidad de los suelos, pues conservan la biodiversidad porque los árboles brindan alimentos y cobijo a la fauna y flora asociada, además de mejorar los ingresos económicos de las familias. De ahí el valor de los árboles, por la cantidad y calidad de productos y servicios que generan. Además de mejorar la alimentación y el aseguramiento de la disponibilidad de alimentos en diferentes épocas del año (Soto-Pinto et al 2008). En los sitios de las mujeres se observó la presencia de árboles —generalmente frutales—, los cuales aportan una variedad de especies en cada época. Las prácticas forestales son parte de las actividades en los sitios y clave sustancial para el manejo de la agricultura actual y la producción de alimentos en tiempos de crisis.

Desde la teoría ecofeminista todas estas prácticas forman parte de los conocimientos que tienen las mujeres para el cuidado de la vida y tienen una función importante ante el capitalismo patriarcal porque fomentan la autonomía de las mujeres en decidir libremente cómo sembrar y qué tipo de especies cultivar para la alimentación de sus familias en contraste con estos sistemas opresores que además de socavar los recursos naturales provocan daños a la salud de las mujeres y de la naturaleza, con la producción de alimentos industrializados.

El grupo de mujeres cafetaleras tiene un rol trascendental en los huertos —con todo un sistema de respuesta ante la crisis—, lo que forma parte de los cuidados agrícolas y reproductivos. Cada una de las buenas prácticas posee un impacto en la variabilidad del clima, por ejemplo, con sus producciones orgánicas. Como menciona una de ellas "tratamos de no contaminar y utilizamos abono orgánico para ayudar al ambiente". Estas prácticas incorporan restos alimentarios —y de otro tipo— en la tierra, por lo que es un reciclaje racional de los nutrimentos transformados en abonos con pulpa de café, lombricomposta, etcétera. Según evidencia científica los abonos naturales reducen la erosión del suelo y la Organización de las Naciones Unidas para la Alimentación y Agricultura (FAO) dice que un buen suelo es vital para una buena cosecha, a diferencia de utilizar químicos; por ello los residuos se insertan en un ciclo productivo en el que se vuelven compostas o biofertilizantes (Ministerio del Medio Ambiente 2021).

En tiempos pandémicos la transformación de la agricultura y los sistemas alimentarios debe realizarse a partir de prácticas agrícolas, basadas en la combinación de conocimientos locales, ciencia e innovación. Porque los sistemas agrícolas proporcionan alimentos nutritivos —clave para la salud—, en medio de crisis que despiertan la necesidad de volver a la tierra (Francis 2020).

Las prácticas agrícolas promueven la conservación de los recursos naturales y aumentan la productividad en la agricultura. Las agricultoras (es) necesitan ayuda para idear prácticas climáticamente inteligentes, que puedan adaptarse a los efectos del cambio climático y mitigarlos; la tierra, agua y suelo deben gestionarse de una mejor manera para reducir la erosión del suelo, mejorar la retención del agua y la disponibilidad de nutrientes para los cultivos (Organismo Internacional de Energía Atómica 2022).

En ese sentido, se llama la atención no sólo a la importancia del huerto en un contexto de crisis, sino que se evidencian los aportes que tienen las mujeres cafetaleras con sus prácticas agroecológicas, las cuales pueden ser intensificadas dependiendo de múltiples factores —tiempo, de sus diversas actividades, de la temporada y del tipo de cultivo a sembrar—.

7.2 Ciclo agrícola del huerto familiar

Las mujeres tienen en su huerto diferentes especies, verduras, plantas que salen solas, medicinales, árboles frutales, animales de patio que varían de acuerdo con la temporada y altitud en que se encuentren los ranchos o comunidades donde viven, lo que puede representar disponibilidad de alimento en cada época del año.

Los principales cultivos que se producen en el huerto son el cebollín, cebolla, ajo, epazote, jengibre, cilantro, por mencionar algunos. En temporada de sequía los cultivos pueden complicarse, pues comprenden los meses calurosos de abril-mayo; en contraste, los tiempos de lluvia de junio, hasta septiembre-octubre, se aprovecha para sembrar diversas especies para la alimentación (maíz-frijol). La importancia de estos cultivos básicos para las personas es la misma que para la crianza de animales que sirven para el consumo o venta.

"La observancia de los ciclos anuales de lluvia y sequía —periodo canicular—, así como del ciclo lunar para la toma de decisiones productivas refleja la percepción de la interdependencia que guardan las plantas, los animales y demás elementos presentes en el solar, como parte de un universo mayor que trasciende los límites del agroecosistema" (Chávez-García et al 2012: 15). El ciclo agrícola del huerto familiar de las familias cafetaleras dependerá de factores como el clima y la temporada para la siembra de cada especie, ya que la falta de agua en algunos ranchos lejanos es evidente y en base a su disponibilidad diversifican sus cultivos —así como de la disponibilidad de semillas o la adquisición de árboles para sembrar—. La espiritualidad juega un papel importante con los rezos a Dios y otros santos —como San Isidro Labrador el 15 de mayo— por el agradecimiento de las cosechas y la solicitud de aguas. En tiempos de cosecha o corte de café las actividades se incrementan para las familias, especialmente para las mujeres; de esto depende en qué momento sembrar ciertas especies, por la importancia de los cuidados que necesitan.

De los 20 sitios visitados —de las mujeres cafetaleras que se encuentran en barrios del centro de la localidad, ranchos o comunidades— ubicados a diferentes niveles y altitudes se observan distintas especies, con un total de 156 en donde al menos 142 son comestibles y a la vez medicinales, lo que representa una gran diversidad en cada temporada. Autores como Neulinger et al (2013) documentaron 141 especies en un solo huerto; mientras que Herrera-Castro (1994) reporta 387 especies en diez sitios de una misma comunidad, siendo así un socio ecosistema que está adaptado a la dinámica social del grupo doméstico y cultural al que pertenezca (Lope-Alzina 2017). Al comparar con estos datos es posible que las productoras de café orgánico pueden tener menos especies en sus huertos familiares, debido a la importancia que resulta producir el aromático para la economía familiar.

7.3   Ciclo de desarrollo del grupo doméstico

En el presente estudio la noción de ciclo de desarrollo del grupo doméstico fue relevante para entender su relación con el huerto. Lo anterior lleva a discutir que ante los problemas que se visualizan en la agricultura y sociedad es indispensable tomar en cuenta las diferentes fases en que se encuentran las familias, para el abordaje de la conservación de la naturaleza. Las etapas por las que atraviesan implican una serie de crisis los cuales pueden ser normativos —el paso de una etapa, de una vida a otra— o no normativos —enfermedad crónica temprana de los cónyuges—, lo que determina el futuro familiar puesto que cada fase involucra tareas que comprenden la evolución del papel de las mujeres en lo agrícola; por ejemplo, con las altas tasas de divorcio, nuevo matrimonio, el aumento de las madres solteras, parejas no casadas y otros géneros, así como el nacimiento o muerte de uno de sus miembros (Morato-Vásquez et al 2015). Pero qué pasa con el relevo generacional de las productoras cafetaleras que son de la tercera edad —o viudas—, quienes son dueñas de parcelas de tierra y por diversos factores no les es posible continuar con las labores agrícolas.

En los grupos domésticos cafetaleros encontramos familias nucleares como familias extensas, las que se componen por una o más familias; no obstante, en este grupo organizado de productoras existen familias monoparentales representadas por las madres solteras que son jefas de familia, lo que manifiesta un cambio en las unidades sociales. Quienes se encontraron en esta situación, se observa que viven con sus familiares con quienes co-residen y comparten un conjunto de actividades. Trabajan en la agricultura al frente de sus parcelas de manera individual, y puede ser que se esté transformando la relación que tienen con el campo. Las diferentes etapas en que se encuentran influyen en la forma de relacionarse de las mujeres con el trabajo agrícola y reproductivo, especialmente de los huertos familiares.

7.4 La familia, cuidados y red de cuidados del huerto

Toda la familia realiza actividades en el huerto, la situación se complica para las mujeres de la tercera edad o las viudas que son productoras cafetaleras y algunas tienen padecimientos o enfermedades que les impiden realizar ciertas tareas; aunado a que viven apartadas del centro quienes en mayor medida necesitarán de una red de apoyo que pueda darse entre los mismos familiares o parientes para hacerse cargo de sus cosechas y tierras. Lo mismo sucede con las que son madres solteras, y le dan prioridad al trabajo que les remunera económicamente; como consecuencia, la atención que pueden brindarle al sitio es muy limitada debido también al cuidado que deben brindarles a sus hijos pequeños. En general, todas —sin importar estatus social, sean casadas o en unión libre— tienen una sobrecarga de labores reproductivas, lo que provoca que en ciertos momentos se limiten las atenciones del sitio. En tiempos pandémicos los cuidados agrícolas y hacia otras personas aumentaron y fueron fundamentales—para el cuidado de la vida—, y las mujeres estuvieron al frente.

Las actividades en el huerto mantienen la unión de las familias cafetaleras al compartir un propósito en común. Es notable el valor del trabajo que se les enseña a las niñas y niños desde pequeñas (os) —con la siembra o riego—, pese a las ocupaciones que puedan tener, ya que los cuidados —de una u otra manera— se ven reflejados por toda la familia; por ejemplo, con el control de plagas biológicas, o el dosificar el agua en tiempos de sequía, lo cual forma parte de las atenciones esenciales. Coincidimos con Arrayas (2008) cuando dice que hay que promover la transmisión del conocimiento tradicional para el manejo agroecológico, y proporcionar una mayor participación e inclusión de los familiares para llevar a cabo prácticas que cuiden y valoren el huerto optimizando el aprovechamiento del espacio. En tiempo de crisis vale la pena preguntarse si es fundamental el dinero o producir nuestros propios alimentos; si bien con el recurso también se adquiere comida o medicina, el sitio —con una red de cuidados familiares— podría ofrecer alimento, medicina y otros aportes; como para abastecer durante todo el año, ya que es un sistema agrícola completo que aporta alimentos nutritivos (FAO 2000).

7.5 Consumo de alimentos, estrategias agroalimentarias y salud

El sector alimentario es uno de los más contaminantes en cuanto a emisiones de Gases de Efecto Invernadero (GEI). La huella de carbono y alimentación se genera en diferentes áreas y niveles de proceso de consumo y producción. Lo que comemos provoca un impacto al ambiente y contribuye al cambio climático. Si modificamos nuestra dieta, las emisiones de gases se podrían reducir hasta en un 25 %, la experta Juliana Maruri señala que cuando producimos nuestra propia comida nos aseguramos de consumir realmente un alimento orgánico (Huerga 2020). En ese sentido, en el caso de México los lineamientos del buen comer están especificados en la Norma Oficial Mexicana NOM- 043-SSA2-2012, representado en un plato convencional de estilo occidental. Esta orienta la alimentación a través de un gráfico. El plato está dividido por clases de alimentos, cada uno resaltado por un color y conformado por productos incluidos en esos grupos: verduras y frutas de color verde, cereales y tubérculos como la papa, el camote y la yuca de color amarillo, leguminosas y los de origen animal de color rojo en donde se incluyen leche, queso, huevo, pescado, mariscos. Por ello la alimentación debe ser adecuada, variada, equilibrada e inocua; y al decir completa se deben contemplar todos los grupos para tener una buena nutrición con un peso adecuado, pero también añadir la dieta de la milpa en la que se considera el maíz, frijol, chile y calabaza, sumado al hábito de beber agua y la actividad física coadyuvarán a un modo de vida saludable (Salmerón Campos 2020).

Almaguer González y colaboradores (2018) mencionan que los llamados cuatro fantásticos, de la combinación de maíz, frijol, calabaza y chile, presentan una sinergia especial —a nivel agrícola y en términos de alimentación—, ya que permiten que sea completa y saludable. Lo que genera nutrimentos esenciales, y que derivan en una gran cantidad de variedades culinarias que giran en torno a estos alimentos, atoles, pozol hecho a base del maíz, o la bebida del pulque como parte de esta dieta, tamales, tortillas y otros derivados, de una cultura ancestral mesoamericana; además de ser biocompatibles con los seres humanos, se incluyen también semillas, tubérculos, insectos comestibles —que se recolectan—, plantas que salen solas, medicinales y otras para la alimentación.

El consumo de alimentos de las mujeres cafetaleras es local, es decir, de la región se documentaron más de 200 especies con diferentes propiedades —tanto comestibles- medicinales— que les brinda el cafetal y huerto-milpa. Dichas producciones se pueden combinar para tener una dieta correcta. Latham dice que "una mezcla de vegetales consumida en cada comida, como un cereal y una legumbre; maíz y garbanzo o un tubérculo, un cereal y feculentos como los plátanos, camotes o papas, aportan proteína de mejor calidad que la que suministrarían mayores cantidades de un solo alimento vegetal. La mezcla contiene todos los elementos esenciales, mientras que un solo cereal o legumbre casi siempre es deficiente en uno o más de los aminoácidos primordiales. Por eso las dietas no deben ser pobres sino diversas para obtener comidas balanceadas" (Latham 2002: 1). Aunque existen algunas especies que se han encarecido, por ejemplo "los costos para los productores de semillas oleaginosas, leguminosas y cereales avanzaron en 13.26 %, al igual que las hortalizas en 14.53 % por arriba del alza" (Villanueva 2022: 1). En consecuencia, ante la crisis por pandemia, las productoras y sus familiares reflexionaron sobre la importancia de alimentarse sanamente y del valor que puede significar el sitio o sus otros sistemas productivos para la alimentación y la salud.

Las mujeres tienen diversas estrategias agroalimentarias importantes que producen y obtienen del huerto familiar. Diversos estudios demuestran que el consumo de aves de patio representa un significativo valor nutricional y alimento de alta calidad; apropiada para el consumo de mujeres embarazadas, niños y adultos mayores, porque los huevos mejoran la nutrición y son el alimento cotidiano además de que contribuyen con algunas enfermedades. Además, estas aves están adaptadas a sus entornos, lo que les favorece la supervivencia (Hotúa-López et al 2021). En medio de la pandemia estas producciones favorecen la salud ya que "el pollo debe ser de rancho, como dicen las mujeres; el de las ciudades no tiene el mismo sabor y no alimenta lo suficiente. El pollo es más bueno, porque se saca más carne y el caldo es más espeso; por lo que una dieta escasa sin nutrientes provoca desnutrición y anemia" (Bayona Escat 2011: 8). Las aves de patio son una de las principales producciones de las mujeres para la alimentación de las familias cafetaleras.

Otro dato relevante es que el consumo de la carne de cuyos o conejos de la india que se encontraron en los huertos de las mujeres favorecen la rehabilitación de pacientes con COVID-19, ya que aportan nutrientes, proteínas, vitaminas, minerales, que refuerzan el sistema inmunológico del organismo contra infecciones al ser parte de una alimentación saludable (Junín DIRESA 2022). También el consumo de otros animales del sitio —como los conejos, patos, guajolotes— cuentan con un aporte significativo nutricional en la alimentación, como se vio en los capítulos anteriores. A la carne se le ha adjudicado aportes nutricionales importantes y tiene un alto valor social; pero hay quienes no tienen suficiente recurso económico para adquirirla (Latham 2002). Como algunas de las familias del estudio especialmente las que viven apartadas del centro. El dinero que obtienen de becas de gobierno o programas impacta en que las familias puedan comer un poco más o variado; incluyendo carne y lácteos, pues hay quienes viven a expensas del maíz y frijol (Bayona Escat 2011).

El consumo de las cosechas locales es nutritivo para las personas y la salud del planeta. En sintonía con la WWF, las formas de comprar, de consumir —desde la reducción de los desperdicios de alimentos— deben considerarse ya que son responsables de los efectos de gases invernadero. Por ello es considerable comer conscientemente; teniendo en cuenta los impactos ambientales negativos de los productos que elegimos, como los de alto impacto —procesados— que atentan contra la salud. Es conveniente tener una dieta balanceada y una huella ambiental sostenible, desde un sistema alimentario que conserve (WWF 2022) a partir de las buenas prácticas agrícolas en los huertos familiares. Que se fomente la agroalimentación de las familias cafetaleras al adquirir alimentos saludables para la nutrición; en donde las mujeres tienen una participación valiosa, por la relación estrecha que mantienen con el ámbito reproductivo y que se entrecruza a lo productivo —agrícola—.

Así que mientras las familias cuenten con producciones locales cuidarán su salud, por lo que esta investigación da a conocer como principales hallazgos que:

Las productoras poseen cuidados especiales para con la naturaleza, a través de sus prácticas agrícolas en el huerto familiar que contribuyen con la salud de los animales y personas —en especial de sus familias—, con la obtención de comida nutritiva a partir de sus propias cosechas. De este modo realizan estrategias agroalimentarias que les permiten subsistir. Se observan los aportes, principalmente medicinales, de cada una de las especies cultivadas y que en tiempos de pandemia resultaron favorecedoras. La Organización Mundial de la Salud (2020) señala que se agudizó la crisis alimentaria y el consumo de alimentos industrializados cobró factura ante las defunciones inmediatas de gente con obesidad y diabetes; de ahí que la alimentación local puede revertir estas enfermedades. En la actualidad se evidencia, de manera general, las principales enfermedades de las mujeres —que tienen con relación a su alimentación y con la sobrecarga de trabajo que afecta su salud—; sumado a que son las más sensibles a la comida procesada (Martí del Moral et al 2020). Entonces ¿quiénes cuidan de las que sostienen la vida con sus cuidados?

Los programas de gobierno fomentan la alimentación de tipo industrial. Con el programa de Oportunidades, Bienestar, que han brindado desayunos escolares o despensas (Bayona Escat 2011). "Los apoyos gubernamentales económicos están dirigidos a la mejora de la salud y educación; pero las familias emplean esos recursos para adquirir alimentos industrializados modernos, dado el prestigio que su consumo conlleva, contribuye a la modernización de la dieta y al aumento de la obesidad de esas poblaciones. Según la Encuesta Nacional de Nutrición y Salud 2006, el responsable de esto podría ser el programa Oportunidades —que incrementa la obesidad en niños— pero se requiere de más estudios para esclarecerlos" (Pérez Izquierdo et al 2012: 179).

El patrón alimentario contemporáneo trae alteraciones de morbilidad y mortalidad. Los alimentos son cada vez más procesados, con una alta densidad energética y una baja calidad nutricional (González 2018); como los refrescos que se consumen en Chiapas, entidad que representa un caso especial del consumo excesivo de la marca Coca-Cola porque en la región de los Altos, las etnias indígenas tsotsiles, tseltales y otras presentan diferentes enfermedades, entre ellas, la diabetes mellitus tipo II (Eroza Solana y Muñoz Martínez 2020). Este estado es la principal zona del mundo donde más se consume Coca-Cola (Vergara 2021).

Las señoras cafetaleras poseen un gran conocimiento culinario local, para lograr que su comida sea más rendidora y nutritiva; si bien, consumen productos industrializados incluyen parte de las producciones del huerto al preparar sus alimentos, lo cual aportará mejores nutrientes a su alimentación, como las plantas aromáticas con fines terapéuticos o culinarios que han demostrado un efecto benéfico en las enfermedades respiratorias, especialmente en el tratamiento del coronavirus (SARS-CoV-2) como el ajo, cebolla, cebollín, albahaca, menta, hierbabuena y otras que mejoran la salud contra otros virus de la hepatitis e influenza, por ejemplo (Leos Malagon et al 2020). "Las mujeres y sus conocimientos culinarios llevan las soluciones a las personas más cercanas a ellas. La perspectiva ecofeminista reconoce el poder de sus decisiones sobre los hábitos de consumo" (Valtierra 2020: 1). Están íntimamente vinculadas con la producción, compras y la preparación y consumo de alimentos de la familia en tiempos de crisis.

Las estrategias agroalimentarias de las mujeres son fundamentales porque forman parte de los cuidados que mantienen para la sostenibilidad de la vida. El dar a conocer este panorama, relacionado con la salud, permitirá entender el valor de producir sin agroquímicos para alimentarse desde el huerto familiar.

7.6   La división sexual del trabajo en el huerto familiar

Autores como Howard (2006) señalan que la división sexual del trabajo, del conocimiento dentro del grupo doméstico —en términos de códigos de conducta y sistemas locales de organización—, ha dado lugar a la presencia de los huertos a lo largo de la historia. Coincidimos con Lope-Alzina (2017: 161) al señalar que, si bien el sistema del huerto tiene una base ancestral, es adaptable a las necesidades contemporáneas del grupo doméstico y de la comunidad, cumpliendo al mismo tiempo con una amplia diversidad de funciones. En palabras de dicha investigadora "son la misma razón de la permanencia de estos huertos". Como en el caso de las familias cafetaleras que retomaron las prácticas del sitio en medio de la crisis con fines alimentarios y de salud. Con la pandemia la división sexual del trabajo se mantuvo y con los roles hegemónicos las mujeres desempeñaron más carga de trabajos; aunque, es posible que se esté generando una nueva división sexual del trabajo en los sitios por una reflexión de parte de los esposos cafetaleros, en cuanto a revalorizar el huerto pensando en su salud al ayudar a sus esposas con las labores que se necesiten, además, hay un productor que decide todas las actividades a realizar en su parcela del sitio ya que su esposa se encuentra enferma, por lo que este replanteamiento de los roles de género de los varones cafetaleros no solo tiene que ver con la crisis por pandemia sino también por otros aspectos como la salud de las mujeres.

En el contexto pandémico, la división sexual del trabajo se perpetúa e intensifica, ya que los diversos cuidados y quehaceres domésticos no remunerados —que sostienen la vida— se hacen más evidentes; y lo productivo —agrícola— de las labores en el huerto familiar lo retoman tanto mujeres como varones. A pesar de esto, las productoras son las principales en mantener este sistema, desatendiendo inclusive su autocuidado puesto que se observa en varias de ellas cansancio, padecimientos o enfermedades que van deteriorando su salud, diferente a lo que se visualiza en los hombres quienes se mantienen en los —cafetales y en ocupaciones secundarias— o del ámbito público. Existen mujeres jóvenes que están integrándose al trabajo en oficina de las cooperativas, lo que les genera ingresos económicos; pero a la vez menos tiempo a lo agrícola. Además de que algunas ocupan cargos especiales —presidenta, tesorera, etcétera—y poco a poco las relaciones de género se van modificando. La persistencia de la división del trabajo, basada en roles hegemónicos y una organización social del cuidado injusta, mantiene fuertes implicancias en términos de desigualdad. El COVID-19 aumentó estas brechas y profundizó las crisis que de por sí ya estaban latentes.

7.7 Tiempo a lo productivo y reproductivo

Los cuidados son fundamentales para las familias cafetaleras. Esto se relaciona con el tiempo dedicado a las actividades productivas y reproductivas de mujeres y hombres, ya que en los relojes de tiempo las señoras duplican las horas de trabajo en los quehaceres del hogar y si estas labores fueran remuneradas ganarían más dinero que los varones. Para las productoras el trabajo se incrementó en la pandemia, ya que no sólo realizan las tareas del hogar sino también múltiples cuidados agrícolas que se asocian con prácticas agrícolas y estrategias agroalimentarias para la sostenibilidad de la vida familiar.

En ese sentido, "los gobiernos de la región reconocen la importancia de considerar la dimensión productiva y reproductiva de los procesos de desarrollo y transformar la división sexual del trabajo, que ha generado mayores cargas de trabajo para las mujeres y desigualdades estructurales de género que perpetúan el círculo de la pobreza, la marginación y la desigualdad (Consenso de Santo Domingo párrafo 19 CEPAL 2016d). En consecuencia, el cuidado se constituye un derecho de las personas y, por lo tanto, una responsabilidad que debe ser compartida por hombres y mujeres, entre diversas formas de familias, las empresas y el Estado (Consenso de Santo Domingo párrafo 57 CEPAL 2016d)" (Bidegain 2017: 38).

En la actualidad se está empezando a reconocer y redistribuir el trabajo no remunerado y de cuidados, desde un componente significativo de los Objetivos de Desarrollo Sostenible (ODS). Ante el actual modelo de organización social, que considera los roles de género, se absorbe el tiempo de las mujeres con un exceso de cargas. Bidegain (2017) señala que una forma de aportar a esta crisis es hacerlo mediante servicios públicos, infraestructuras, políticas de protección social, y promoviendo la responsabilidad compartida en el hogar y la familia. La redistribución del trabajo no remunerado no es sólo una meta de la agenda, sino que es uno de los pilares para alcanzar la igualdad de género al 2030 en América Latina y el Caribe.

7.8   Diferencias de género y el ecofeminismo constructivista

Las diferencias entre lo femenino y masculino se conciben a partir de tres aspectos (Guerrero 2014): natural, doméstico y público. Lo natural se asocia con diferencias biológicas de acuerdo con su origen cultural. En lo doméstico existen diferentes sensibilidades; los varones son menos sentimentales, mientras que las mujeres tienen la habilidad de ponerse en el lugar del otro. Como mencionaba una productora cafetalera "las mujeres somos más chillonas"; no obstante, esto puede variar. Existe también una oposición entre la calle y la casa que opera entre lo natural, lo doméstico y lo exterior. La casa es concebida como femenina, el reino de la esposa y madre, mientras lo masculino se asocia a la calle. Pero la casa siempre es suya y en el ámbito público se legitima el vincular a los varones con el bien común y los valores más altos. Esta aseveración parte de construcciones culturales de un modelo patriarcal hegemónico. En el caso de los grupos domésticos cafetaleros, se observa en la tabla no. 24 que el huerto es para las mujeres —así como la cocina y la casa—, mientras que para los hombres lo es la calle, el trabajo pesado, peleas de gallo, cantinas y el trabajo en sus cafetales.

"El machismo está asociado a un conjunto de rasgos relacionados con el dominio y la virilidad. Se manifiesta en la posesión de la esposa, actos de agresión y para algunos ser macho significa ser hombre de honor y es sustentado en que el varón es capaz, audaz y fuerte" (Guerrero 2014: 4).

En ese sentido, "la CEPAL y los gobiernos de la región han enfocado la mirada en la autonomía de las mujeres, principalmente en tres dimensiones: la autonomía económica que se vincula con la posibilidad de controlar los activos y recursos y liberarlas de la responsabilidad exclusiva de las tareas reproductivas y de cuidado; la autonomía física que refiere a la capacidad para decidir libremente acerca de la sexualidad, la reproducción y el derecho a vivir una vida libre de violencia; y la autonomía en la toma de decisiones que implica la plena participación en las decisiones que afectan la vida de las mujeres y a su colectividad" (Bidegain 2017: 25).

Perspectivas como el ecofeminismo constructivista o feminismo ecológico llaman la atención para replantear los roles de género, dado que las construcciones históricas —con estructuras socioeconómicas determinadas— han acercado a las mujeres con la naturaleza y alejado a los varones de ella (Ruiz 2007). De tal manera que el paradigma del ecofeminismo constructivista está en sintonía, entre lo productivo y reproductivo que reconocen los gobiernos, en restaurar y reorganizar a la sociedad; la parte medular del ecofeminismo es que no propone la superioridad de las mujeres sino que se enmarca hacia la igualdad de todos los géneros que puedan existir, desde un enfoque de sostenibilidad de la vida (Albareda 2010) en donde las precursoras de la supervivencia en todos los sentidos son definitivamente las mujeres.

La perspectiva ecofeminista constructivista propone un cambio hacia la reorganización de cuidados y la división sexual del trabajo. Por eso Yayo Herrera insiste en que "si no organizamos a las sociedades en cuanto al uso racional y sostenible de los recursos, de todos modos, llegaremos a ello de manera autoritaria y hasta fascista porque estamos encaminados hacia el suicidio colectivo en sociedades que sobreconsumen" (Peredo Beltrán 2017: 1).

El ecofeminismo vislumbra el papel fundamental que representan las productoras en el campo, pero también evidencia que son las más vulnerables a los agrotóxicos ya que estos son liposolubles y las mujeres tenemos más células grasas para almacenarlos y transmitirlos en el embarazo y lactancia. La alimentación es una tarea que forma parte de los cuidados y el ecofeminismo señala la inviabilidad de un desorden alimentario que destruye al medio ambiente e impide la salud y soberanía alimentaria, especialmente de las mujeres a quienes no se les permite enfermarse porque están a cargo de todos los cuidados que se asocian con la cadena alimentaria (La garbancita ecológica 2022). Esta alternativa, a favor de la igualdad de género, contribuye al cuidado de la vida de las mujeres y la naturaleza.

El ecofeminismo constructivista incita a deconstruir el patriarcado y el capitalismo para desmantelar todos los daños en términos ambientales, sociales, alimentarios y de salud; para la reconstrucción de un modelo de vida sostenible que bien podría encaminarse desde la filosofía del buen vivir, es decir, con armonía y respeto por las diversas formas de coexistir (Triana Moreno 2016). El cuidado de la vida implica respeto a la naturaleza y a las mujeres que la procuran, especialmente con sus labores agrícolas y reproductivas, como las productoras cafetaleras, que en medio de la pandemia sus cuidados favorecieron la vida y la salud de sus familias. Pero la división sexual del trabajo y los roles de género siguen dándoles el papel de cuidadoras y responsables de las labores que sostienen la vida.

En relación con el objetivo de esta investigación, se propone que se contemple y se revise la teoría del ecofeminismo constructivista para replantear las políticas públicas y reorganización a nivel familiar con la finalidad de buscar la corresponsabilidad de todas y todos por igual en el cuidado de la vida, tanto de la sociedad como de la naturaleza.

CONCLUSIONES

Las prácticas agroecológicas que realizan las mujeres cafetaleras en el huerto familiar son variadas y comprenden el cuidado del suelo, agua y aire, siendo claves para el cuidado de la vida de la familia y de la naturaleza, en medio de la pandemia por COVID-19. Todas y todos los integrantes de cada grupo doméstico contribuyen con las diversas labores agrícolas. Los hombres para actividades que demandan mayor fuerza física, las hijas (os) jóvenes o pequeños en la siembra y riego, aunque estudien o trabajen participan de una u otra manera.

El apoyo familiar es fundamental, especialmente para las mujeres de la tercera edad, quienes son viudas o aquellas con padecimientos o enfermedades.

Las prácticas agrícolas en el huerto son realizadas principalmente por las mujeres y se suman a la labor de cuidados como parte de su trabajo reproductivo y productivo, para la continuidad de la vida; están asociadas a conocimientos locales que les han heredado sus madres y abuelas, y se relacionan con el conocimiento adquirido para la producción orgánica de café. Cumplen las normas del área natural protegida al utilizar insumos orgánicos.

El huerto es un espacio de bienestar y en tiempos de pandemia tuvo un aporte significativo. Durante y después del confinamiento las familias cafetaleras pusieron mayor interés a las actividades agrícolas del sitio, aumentaron la siembra y consumo de plantas medicinales para cuidar su salud ante el virus y consumieron de sus cosechas locales del cafetal, huerto-milpa.

El grupo organizado de mujeres a nivel familiar es responsable de las compras, preparación y consumo de los alimentos. Sin embargo, sus producciones locales no han sido suficientes y en tiempo de crisis son aún más vulnerables. Aunque dependen de éstas, también consumen alimentos que ofrecen las tiendas y los apoyos gubernamentales con despensas que incluyen productos industrializados, que a su vez contienen aditivos y conservadores que deterioran la salud con enfermedades no transmisibles como obesidad, diabetes, entre otras. En medio de la crisis estas comorbilidades provocan mayor vulnerabilidad para quienes las padecen.

Las productoras tienen estrategias agroalimentarias para la sostenibilidad de la vida de sus familias, evidentes en la pandemia con cuidados en la alimentación para la salud de las personas y animales. Estas prácticas locales se vieron favorecidas al resultar ilesas ante el virus.

Por otra parte, el ciclo agrícola del huerto familiar —tipos de cultivos que se siembren por época— depende del tiempo que invierten las mujeres a las actividades reproductivas y en gran manera de las labores que se realicen en el trabajo del cafetal; puesto que esta actividad es su prioridad, especialmente en el corte o cosecha de café —que es ahí en donde se incrementan sus actividades—.

Durante y después del confinamiento por la pandemia, se encontró que las mujeres sostienen una sobrecarga de trabajo asociada al cuidado de la vida. Además, tienen cinco o seis actividades productivas-reproductivas que tienden a ser domésticas, de cuidados, con las ocupaciones secundarias remuneradas, en sus cafetales, en el huerto-milpa, a diferentes escalas y ritmos pues hay quienes producen y trabajan en mayores o menores cantidades. A pesar de tener más trabajo con las labores del hogar, realizan labores agrícolas en su sitio de forma orgánica.

Respecto a la división sexual del trabajo agrícola-reproductiva —y en relación con el objetivo sobre visibilizar las prácticas agrícolas y estrategias agroalimentarias de las mujeres—, se evidencian los cuidados dados a sus familias como a la tierra con la selección, conserva, resguardo de las semillas y otras actividades que son acciones para la supervivencia. Esas sinergias especiales entre ellas y la naturaleza son llamadas ecofeminismos. El de tipo constructivista llama la atención a la sobrecarga de trabajo para las productoras; si bien, antes del confinamiento por COVID-19 ya era excesiva, en la pandemia se agudiza. Lo productivo —agrícola— se relaciona con las labores reproductivas —quehaceres, cuidados—y se propone corresponsabilizar el trabajo familiar para el cuidado igualitario de la vida. Esta investigación da a conocer que el ecofeminismo constructivista está en sintonía con la Agenda 2030, para una reconstrucción y reorganización de la sociedad en términos de la división sexual hegemónica del trabajo, que coadyuva con la opresión de la naturaleza y las mujeres.

En el trabajo del huerto existe una red de cuidados que derivan de un conocimiento y saberes locales que se estaban desvalorizando debido a la producción del café para el sustento económico. Hoy en día, las familias están reflexionando acerca de la importancia del huerto y sus producciones para su alimentación, por lo que los cuidados agrícolas-reproductivos aumentaron durante la pandemia. Por esa razón las mujeres cafetaleras alzan la voz para que los varones les reconozcan su trabajo. También abogan para que la carga de cuidados y quehaceres del hogar se distribuya entre todas (os), lo cual reconoce la teoría del ecofeminismo constructivista.

Respecto al ciclo de desarrollo de la familia, se encontró que los grupos domésticos se encuentran en diferentes etapas y que esto influye en el trabajo de las mujeres en el huerto, porque cada etapa de la familia puede obstruir o aportar a las labores agrícolas. La teoría ecofeminista constructivista con la reorganización de la división del trabajo a nivel familiar y el ciclo de desarrollo de los grupos domésticos van de la mano; de ahí la importancia de comprender la agricultura desde la estrecha relación sociedad-ambiente con perspectiva de género.

La hipótesis se comprueba, ya que las actividades reproductivas, estrategias agroalimentarias y prácticas agrícolas en el huerto familiar contribuyen al cuidado de la vida; sin embargo, la labor de las mujeres cafetaleras por la división sexual del trabajo y los roles de género aumentó tanto en lo productivo y reproductivo en la pandemia del COVID-19.

Los hallazgos de esta investigación aprecian el aporte de las prácticas agrícolas de las productoras cafetaleras en el huerto familiar, en medio de una pandemia, para la alimentación y salud de las familias fomentada por un grupo de mujeres vulnerables pues existen —madres solteras, viudas o de la tercera edad— que contribuyen con la nutrición de sus familiares a partir de estrategias agroalimentarias que coadyuvaron considerablemente durante el confinamiento. Desde el ecofeminismo constructivista los aportes de las mujeres son reproductivos —cuidados, quehaceres domésticos— y productivos —agrícolas y de trabajo formal— que las vinculan con el amor, siembran, producen y reproducen, son dadoras y protectoras de vida.

Uno de los retos es realizar más investigaciones y trabajos con perspectiva de género explorando teorías feministas que coadyuven a la reflexión de la relación que existe entre la igualdad de géneros y la conservación de la naturaleza. Este trabajo contribuyó al sensibilizar a todas (os) en general, comenzando con el grupo de estudio, sobre el rol fundamental de las productoras al vislumbrar el aporte de su trabajo productivo y reproductivo, para valorarlo y visibilizarlo para la justicia social e igualdad de género. Los alcances de la investigación contemplan el apoyo mutuo hacia el grupo de productoras cafetaleras para visibilizar su contribución al cuidado de la vida familiar, en medio de una crisis, a través de diferentes medios de comunicación estatales y nacionales.

Finalmente, valoro y hago hincapié en visibilizar el trabajo de las mujeres rurales que aportan al bienestar de sus familias y a la conservación de la naturaleza para sostener la vida. Aunque sus múltiples cuidados han sido fundamentales ante la crisis pandémica, en la actualidad su salud se ha visto vulnerada señalan que por la mala alimentación y sobrecarga de trabajo que les está dejando diversos padecimientos o enfermedades. Por esa razón es fundamental cuidar a las que sostienen la vida y dar a conocer la importancia del huerto-milpa y su relación con la salud en tiempos pandémicos. Los medios de comunicación tendrán un papel trascendental, al igual que las instancias de salud, en promover la corresponsabilidad de la agricultura tradicional con perspectiva de género con el consumo de alimentos locales encaminados hacia el desarrollo sustentable.

Notas

[1] Zarandón o zaranda es un recipiente grande de forma rectangular con un tejido de agujeros que se agita para eliminar las partículas que no sirven y limpiar los granos de café es útil para darle calidad en el proceso de secado del pergamino, evitando su contaminación por los animales de patio como las —gallinas y perros— (entrevista a productor cafetalero 2022).

[2] Para la revisión de los nombres científicos se consideró el trabajo de Escobar 2017 y Escobar et al 2020.

[3] Para el cotejo de los nombres científicos se revisaron los trabajos de Benítez Kanter 2017 —elaborado en la Sierra Madre de Chiapas— y González 2021.

[4] Para la revisión de los nombres científicos se consultaron los trabajos de Siedentopp 2009; Escamilla y Moreno 2015; Gayosso 2015; Benítez Kanter 2017; Escobar 2017; Fonseca et al 2020; Ovando et al 2020; Vibrans 2022.

[5] Para la revisión de los nombres científicos se consultaron los trabajos de Colombia. Ministerio de la Protección Social 2008; Benítez Kanter 2017; Mora-Olivo et al 2021; Vibrans 2022.

[6] Para la revisión del nombre científico del hongo se revisó el trabajo de Cigna 2022.

[7] Para la revisión de los nombres científicos se consultaron los trabajos de Benítez Kanter 2017; Escobar 2017; Vibrans 2022; Freire-González y Vistel-Vigo 2015.

[8] Para el cotejo y revisión de los nombres científicos se consultó el estudio de Benítez Kanter 2017; Escobar 2017.

[9] Para la revisión de los nombres científicos se consultó EducaMadrid 2022.

[10] Pega mejor la mano de las mujeres quiere decir que cuando ellas siembran los cultivos crecen mejor y más rápido

[11] Hace referencia a los cubos de caldo de pollo concentrados, que se utilizan como condimento en la preparación de comida para darle sabor a los caldos.

Literatura citada

Aguilar MS, Amezcua TI. 2013. Plan de adaptación al cambio climático para la cooperativa de café Comon Yaj Noptic. Pronatura sur A.C.:98. http://www.pronaturasur.org/web/docs/PLAN_DE_ADAPTACION_COMON_JULIO _2013.pdf.

Aguilera RM. 2013. Identidad y diferenciación entre Método y Metodología. Estudios Políticos. 9:81–103. https://www.redalyc.org/articulo.oa?id=426439549004.

Aguirre P. 2011. Seguridad alimentaria. Una visión desde la antropología alimentaria. https://www.suteba.org.ar/download/trabajo-de-investigacin-sobre-seguridad-alimentaria-13648.pdf.

Albareda S. 2010. Mujer, ecología y sostenibilidad. Elementos de convergencia entre el ecofeminismo de Vandana Shiva y las enseñanzas sociales de la iglesia. Universidad de Navarra Facultad de Teología. https://dadun.unav.edu/bitstream/10171/41423/1/SAlbareda.pdf.

Almaguer González JA, García Ramírez HJ, Padilla Mirazo M, González Ferral M. 2018. Fortalecimiento de la salud con comida, ejercicio y buen humor: LA DIETA DE LA MILPA Modelo de Alimentación Mesoamericana Biocompatible. Ciudad de México. https://docs.bvsalud.org/biblioref/2018/03/880586/fortalecimiento-de-la-salud-con-comida-ejercicios-y-buen-humor-_BplfSt4.pdf.

Araujo R. 2020. Pese a covid-19, el café de Chiapas aumentó sus ventas a nivel nacional e internacional. Comercio Inteligente Para El Agronegocio. [consultado 2021 Diciembre 16]. https://smattcom.com/blog/pese-covid-19-cafe-chiapas-aumento-ventas-nivel-nacional-internacional.

Arrayas L. 2008. El rol de la mujer en Sistemas Agroforestales en la Zona de Terebinto, Santa Cruz-Bolivia. Universidad Mayor de San Andrés. [https://repositorio.umsa.bo/bitstream/handle/123456789/4889/T1305.pdf?sequence=1 &isAllowed=y.

Artacker T, Santillana A, Valencia B. 2020. PENSAR LA PANDEMIA. Consejo Latinoamericano de Ciencias Sociales. https://www.clacso.org/en-el-centro-la-vida-mujeres-rurales-tejiendo-cuidado-y-movilizacion/.

Bartra A. 1995. Origen y claves del sistema finquero del Soconusco. Revista de Chiapas. https://chiapas.iiec.unam.mx/No1/ch1bartra.html.

Bayona Escat E. 2011. Enfermedad y pobreza en la Sierra de Chiapas. LiminaR Estudios Sociales y Humanísticos. 9(2):93–115. http://liminar.cesmeca.mx/index.php/r1/article/view/50. doi:10.29043/liminar.v9i2.50.

Benítez Kánter M. 2017. Huertos familiares y alimentación de grupos domésticos cafetaleros de la Sierra Madre de Chiapas. [Tesis de maestría] El Colegio de la Frontera Sur. https://ecosur.repositorioinstitucional.mx/jspui/bitstream/1017/1472/1/100000006977_documento.pdf.

Benítez Kánter M, Soto Pinto L, Estrada Lugo E, Pat Fernández L. 2019. Huertos Familiares o sitios en la Sierra Madre Chiapas Potencial Para La Soberanía Alimentaria. En: Pablos J, editor. Caminar el cafetal perspectivas socioambientales del café y su gente. México: El Colegio de la Frontera Sur. p. 193–201.

Benítez Kánter M, Soto Pinto L, Estrada Lugo E, Pat Fernández L. 2020. Huertos familiares y alimentación de grupos domésticos cafetaleros en la Sierra Madre de Chiapas, México. Agricultura Sociedad y Desarrollo. 17(1):27–56. doi:10.22231/asyd.v17i1.1321.

Bidegain PN. 2017. Una mirada regional de la Agenda 2030, hacia la igualdad, los derechos y la autonomía de las mujeres. En: La Agenda 2030 y la Agenda Regional de género. Naciones Unidas. Santiago. https://www.cepal.org/sites/default/files/news/files/la_agenda_2030_y_la_agenda_regi onal_de_genero._sinergias_para_la_igualdad_en_america_latina_y_el_caribe_0.pdf.

Bravo-Vera KA. 2018. El capitalismo. Revista Científica Multidisciplinaria SAPIENTIAE ISSN 2600-6030. 1(2):22–27. https://publicacionescd.uleam.edu.ec/index.php/sapientiae/article/view/21.

Cadavid Castro MA, Giraldo Londoño LF. 2017. Perspectivas del pensamiento ecológico que han influenciado el campo alimentario y nutricional. Perspectivas en Nutrición Humana. 18(2):225–236. https://revistas.udea.edu.co/index.php/nutricion/article/view/26606. doi:10.17533/udea.penh.v18n2a07.

Café Imports. 2021. Historia. [consultado 2022 Noviembre 15]. https://www.cafeimports.com/europe/mexico.

Calvo TS. 2018. El mayor poder, hoy, es la valentia de decir "No." Ethic. [consultado 2022 Mayo 6]. https://ethic.es/entrevistas/vandana-shiva/.

Carcámo Toalá NJ, Vázquez García V, Zapata Martelo E, Nazar Beutelspacher A. 2010. Género, trabajo y organización. Mujeres cafetaleras de la unión de productores Orgánicos San Isidro Siltepec, Chiapas. Scielo. 18(36):155–176. http://www.scielo.org.mx/pdf/estsoc/v18n36/v18n36a7.pdf.

Cárdenas E. 2021. Desigualdades de género en tiempos de COVID-19: Una crisis de gobernabilidad. El Outside. 6:11. https://revistas.usfq.edu.ec/index.php/eloutsider/article/view/1965. doi:10.18272/eo.v6i0.1965.

Carrasco Bengoa MC. 2016. Sostenibilidad de la vida y ceguera patriarcal. Una reflexión necesaria. Atlánticas Revista Interdiscplinaria de Estudios Femeninos. [consultado 2022 Septiembre 10]. 1(1):34–57. https://revistas.udc.es/index.php/ATL/article/view/arief.2016.1.1.1435. doi:10.17979/arief.2016.1.1.1435.

Casas A, Vallejo M. 2019. Agroecología y agrobiodiversidad. p. 99–117. [consultado 2022 Julio 8].https://www.researchgate.net/publication/335526491_Agroecologia_y_agrobiodiver sidad.

Castañeda SMP. 2010. Etnografia feminista. En: Universidad Nacional Autónoma de México, editor. Investigación feminista. Epistemología, metodología y representaciones sociales. [consultado 2022 Abril 15]. México. p. 1–22. https://ru.ceiich.unam.mx/bitstream/123456789/3161/1/Investigacion_Feminista_Cap1 0_Etnografia_feminista.pdf.

Centro Latinoamericano para el Desarrollo Rural. 2021. Desigualdad de género y alimentación en Guatemala y México. Noticias. [consultado 2022 Septiembre 1] https://www.rimisp.org/noticia/desigualdad-de-genero-y-alimentacion-en-guatemala-y-mexico/.

[CEPAL] Comisión Económica para América Latina y el Caribe. 2020. Cuidados en tiempos de COVID-19. En: Naciones Unidas, editor. "Cuidados y mujeres en tiempos de COVID-19: La experiencia en la Argentina." Naciones Unidas, Santiago: Comisión Económiica para América Latina y el Caribe. p. 34–40. https://repositorio.cepal.org/bitstream/handle/11362/46453/1/S2000784_es.pdf.

Chandrasekaran K, Guttal Hs, Kesteloot T, Luzzi A, McKeon N. 2020. Voces desde los territorios de la covid-19 a la transformación de nuestros sistemas alimentarios. Roma (Italia). https://www.fao.org/agroecology/database/detail/es/c/1364066/.

Chávez-García E, Rist S, Galmiche-Tejada Á. 2012. Lógica de manejo del huerto familiar en el contexto del impacto modernizador en Tabasco, México. Cuadernos de Desarrollo Rural. 9(68):177–200. https://www.redalyc.org/articulo.oa?id=11723114009.

Cigna. 2022. Hongos medicinales (PDQ) información para profesionales de la salud. [consultado 2022 Julio 21]. https://www.cigna.com/es-us/individuals-families/health-wellness/hw/temas-de-salud/hongos-medicinales-informacin-para-profesionales-ncicdr0000778578.

Cortes A. 2019. Los alimentos que dañan el medio ambiente son también los peores para la salud. El país. [consultado 2022 Mayo 6]. https://elpais.com/elpais/2019/10/29/ciencia/1572344750_688431.html.

Delibes-Mateos M, Gálvez-Bravo L. 2009. El papel del conejo como especie clave multifuncional en el ecosistema mediterráneo de la Península Ibérica: Ecosistemas. 18(3). [consultado 2022 Agosto 4]. https://www.revistaecosistemas.net/index.php/ecosistemas/article/view/59.

Desarrollo Forestal Campesino. 1998. Las mujeres y el huerto. Una relación de vida. Andes del Ecuador. [consultado 2022 Septiembre 16]. http://documentacion.ideam.gov.co/openbiblio/bvirtual/004583/info/pdf/muj_huer.pdf.

Díaz A, Gebler L, Maia L, Medina L, Trelles S. 2017. Buenas prácticas agrícolas para una agricultura más resiliente. Lineamientos para orientar la tarea de productores y gobiernos. Instituto. San José, Costa Rica. [consultado 2022 Mayo 3] https://www.redinnovagro.in/pdfs/bve17069027e_Guía.pdf.

EducaMadrid. 2022. Animalandia. Taxonomía. [consultado 2022 Septiembre 25]. https://animalandia.educa.madrid.org/acerca-de.php.

Eroza Solana E, Muñoz Martínez R. 2020. Alimentación y diabetes, un pequeño gran dilema: el caso de los tzotziles y tzeltales de los Altos de Chiapas. EntreDiversidades Revista de Ciencias Sociales y Humanidades. 7(2):245–279. http://www.entrediversidades.unach.mx/index.php/entrediversidades/article/view/203. doi:10.31644/ED.V7.N2.2020.A09.

Escamilla B, Moreno P. 2015. Plantas medicinales de la Matamba y el Piñonal, municipio de Jamapa, Veracruz. Instituto. Xalapa (Jalapa) México. [consultado 2022 Diciembre 19]. https://www.freelibros.me/salud/plantas-medicinales-de-la-matamba-y-el-pinonal-municipio-de-jamapa-veracruz.

Escobar-Colmenares S, Soto-Pinto LM, Estrada EIJ, Ishiki M. 2020. Agroecosistemas y alimentación de grupos domésticos cafetaleros en una comunidad de la Sierra Madre de Chiapas. En: Moreno-Calles A.I., Cariño-Olvera M.M., Soto-Pinto M.L. P-G, editor. Los sistemas agroforestales de México: Avances, experiencias, acciones y temas emergentes. Ciudad de México: UNAM/CONACYT. p. 423–443. https://ru.crim.unam.mx/xmlui/handle/123456789/940.

Escobar CS. 2017. Las plantas comestibles en el agroecosistema de café: uso, conocimiento y diversidad en el Ejido La Rinconada Bella Vista, Chiapas. [Tesis de maestría] El Colegio de La Frontera Sur. https://ecosur.repositorioinstitucional.mx/jspui/bitstream/1017/2071/1/22966_Documento.pdf.

Estrada Lugo E, Bello E, García-Barrios L, Cruz J, Parra M, Nahed J. 2020. Grupos domésticos rurales en la Frontera Sur de México. Su reproducción social. En: El Colegio de La Frontera Sur, editor. Cambio social y agrícola en territorios campesinos, respuestas locales al régimen neoliberal en la Frontera Sur de México. San Cristóbal de Las Casas, Chiapas, México. p. 159–174. https://www.researchgate.net/publication/350441277_Grupos_domesticos_rurales_en_l a_frontera_sur_de_Mexico_Su_reproduccion_social_Rural_domestic_groups_on_the_ border_South_of_Mexico_Its_social_reproduction.

Estrada Lugo EIJ. 2011. El parentesco maya contemporáneo. Grupo doméstico y usos del parentesco entre mayas de Quintana Roo, México. Academia Española, editor. Alemania. http://www.bib.uia.mx/tesis/pdf/014535/014535.pdf.

Eyzaguirre PB, Linares OF. 2004. Home Gardens and agrobiodiversity. Smithsonia. Washington, DC, USA. [consultado 2022 Abril 12] https://www.researchgate.net/publication/225442248_Home_Gardens_Neglected_Hots pots_of_Agro-Biodiversity_and_Cultural_Diversity. doi:10.1007/s10531-010-9919-5

[FAO]. Organización de las Naciones Unidas para la Alimentación y Agricultura. 2000. MEJORANDO LA NUTRICIÓN A TRAVÉS DE HUERTOS Y GRANJAS FAMILIARES. MANUAL DE CAPACITACION PARA TRABAJADORES DE CAMPO EN AMERICA LATINA Y EL CARIBE. Roma. https://www.fao.org/3/v5290s/v5290s00.htm#TopOfPage.

[FAO]. Organización de las Naciones Unidas para la Alimentación y Agricultura.2013. Función de las aves de corral en la nutrición humana. En: Revisión del desarrollo avícola. [consultado 2022 Julio 17] https://www.fao.org/3/i3531s/i3531s.pdf.

Fernández ECM, Nair PKR. 1986. An evaluation of the structure and function of tropical homegardens. Agricultural Systems. 21(4):279–310. 521X(86)90104-6. https://www.sciencedirect.com/science/article/pii/0308521X86901046. doi:https://doi.org/10.1016/0308-

EL FINANCIERO. 2022. Viruela del mono en México: en estos estados han confirmado casos. El Financiero. [consultado 2022 Julio 23] https://www.elfinanciero.com.mx/salud/2022/07/23/viruela-del-mono-en-mexico-en-estos-estados-han-confirmado-casos/.

Fonseca C, Rivera LLA, Vázques GL. 2020. GUÍA ILUSTRADA DE PLANTAS MEDICINALES en el valle de México. Ciudad de México: Instituto Nacional de los Pueblos Indígenas. [consultado 2022 Julio 19] https://www.gob.mx/cms/uploads/attachment/file/568378/guia-ilustrada-de-plantas-medicinales-valle-de-mexico-inpi.pdf.

Francis D. 2020. Agricultura, cambio climático y COVID-19. Blog del IICA SEMBRANDO HOY LA Agricultura del Futuro. [consultado 2022 Diciembre 21] https://blog.iica.int/blog/agricultura-cambio-climatico-covid-19.

Freire-González R, Vistel-Vigo M. 2015. Caracterización fitoquímica de la Cúrcuma longa L. Revista Cubana Química. 27:9–18. https://www.redalyc.org/articulo.oa?id=443543740002.

Futurcrop. 2020. Importancia del pH del suelo en la disponibilidad de los nutrientes. [consultado 2022 Diciembre 20] https://futurcrop.com/es/blog/post/importancia-del-ph-del-suelo-en-la-disponibilidad-de-los-nutrientes.

Galluzzi G, Eyzaguirre P, Negri V. 2010. Home gardens: neglected hotspots of agro-biodiversity and cultural diversity. Biodiversity and Conservation. 19(13):3635–3654. http://link.springer.com/10.1007/s10531-010-9919-5. doi:10.1007/s10531-010-9919-5.

García B, De la O M. 2021. Mujeres y la Tierra: Dadoras de vida. Chiapas Paralelo. [consultado 2022 Marzo 8]. https://www.chiapasparalelo.com/noticias/2021/03/mujeres-y-la-tierra-dadoras-de-vida/.

García Flores JC, Ordoñez Díaz M de J. 2022. Beneficio del huerto familiar para la salud mental en la pandemia de COVID-19 en Jojutla, Morelos, México. Cuadernos Geográficos. [consultado 2022 Noviembre 18]. 61(1):44–63. https://revistaseug.ugr.es/index.php/cuadgeo/article/view/21600.doi:10.30827/cuadgeo.v61i1.21600.

Gayosso RS. 2015. Plantas de uso ornamental en Tabasco. Universidad Villahermosa, Tabasco. [consultado 2022 Diciembre 5]. https://pcientificas.ujat.mx/index.php/pcientificas/catalog/download/95/84/333-1?inline=1.

Gómez R. 2015. "El significado cultural de los huertos familiares zapotecos de Santa Catarina Lachatao Ixtlán de Juárez, Oaxaca." Instituto Politécnico Nacional. [consultado 2022 Junio 3] http://literatura.ciidiroaxaca.ipn.mx/jspui/bitstream/LITER_CIIDIROAX/236/1/Gómez

Luna%2C R. E.%2C 2015.pdf.

González-Jácome A. 2012. "Del huerto a los jardines y vecindades: procesos de cambio en un agroecosistema de origen antiguo". En el libro: El huerto familiar del sureste de México. Ramón Marica Méndez ed.,México: p. 487–520.

Gónzalez A. 2018. Historia y origenes de un agroecosistema. Los huertos en México. En: Atlas biocultural de huertos familiares en México: Chiapas, Hidalgo, Oaxaca, Veracruz y península de Yucatán. Cuernavaca: Universidad Nacional Autónoma de México. p. 43–86. [consultado 2022 Marzo 5]. https://www.researchgate.net/publication/328101784_Atlas_biocult.

Guerrero GAM. 2014. Experiencias y Significados de Prácticas Machistas en Varones Universitarios. Revista electrónica en Ciencias Sociales y Humanidades Apoyadas por Tecnologías.:64–85. [consultado 2022 Octubre 27]. https://chat.iztacala.unam.mx/cshat/index.php/cshat/article/view/65/59.

Haraway DJ. 1995. Conocimientos situados: la cuestión científica del feminismo y el privilegio de la perspectiva parcial. En: Donna J Haraway, Ciencia, cyborgs y mujeres. Madrid: Cátedra. p. 313–346. [consultado 2022 Marzo 4]. https://lascirujanas666.files.wordpress.com/2014/04/harawayconocimientossituados.pdf.

Harding S. 1998. ¿Existe un método feminista? En: Feminism and Methodology. Bloomington/indianapolis: Indiana Unirvesity Press. p. 9–34. [consultado 2022 Febrero 12]. https://urbanasmad.files.wordpress.com/2016/08/existe-un-mc3a9todo-feminista_s-harding.pdf.

Harwood J, Douglas W, Ph.D. 2021. Vertebrados. En: Douglas Wilkin PD, editor. CK-12 Conceptos de Ciencias de la Vida. p. 35. [consultado 2022 Junio 29]. https://flexbooks.ck12.org/cbook/ck-12-conceptos-de-ciencias-de-la-vida-grados-6-8-en-espanol/section/10.19/primary/lesson/importancia-de-las-aves/.

Hecht SB. 1999. La evolución del pensamiento agroecológico. En: AGROECOLOGIA Bases científicas para una agricultura sustentable. Vol. 7. Millan, Montevideo: Nordan comunidad. p. 15–30. [consultado 2022 Enero 2]. http://agroeco.org/wp-content/uploads/2010/10/Libro-Agroecologia.pdf.

Hernández-Sánchez M. 2010. Cambios y Continuidades en los Solares Mayas Yucatecos. Un Análisis Intergeneracional de su Configuración Espacial en Dos Comunidades del Sur de Yucatán. CINVESTAV-IPN Mérida Yucatán. [Tesis de Maestría]. Instituto Politécnico Nacional. 181 p. https://biblioteca.ecosur.mx/cgi-bin/koha/opac-detail.pl?biblionumber=000050447

Hernández AM, Pandolph R, Sänger C, Vos R. 2020. PRECIOS VOLÁTILES DEL CAFÉ: COVID-19 Y FACTORES FUNDAMENTALES DEL MERCADO. [consultado 2022 Enero 22].http://www.ico.org/documents/cy2019-20/coffee-break-series-2c.pdf.

Hernández Galindo HS, Alanís García E, Omaña Covarrubias A. 2022. La Dieta de La Milpa: como una alternativa en salud pública en el Valle del Mezquital Hidalguense, después de la pandemia de la covid-19. Educación y Salud Boletín Científico. Instituto de Ciencias la Salud. Universidad Autónoma del Estado Hidalgo. [consultado 2022

Noviembre   13].10(20):720.
https://repository.uaeh.edu.mx/revistas/index.php/ICSA/article/view/8362.
doi:10.29057/icsa.v10i20.8362.

Hernández X. 1988. La participación de la mujer en la selección bajo domesticación de plantas cultivadas en las regiones cálido-húmedas. Agrociencia. Núm 71. Montecillo, Texcoco.pp.287-293

Herrera-Castro N. 1994. Los huertos familiares mayas en el oriente de Yucatán. Universidad Autónoma de Yucatán.Mérida-Xalapa: Etnoflora Yucatanense vol. 9. p.169

Herrero Y. 2021. Apuntes introductorios sobre el ecofeminismo. Hegoa.:1–2. http://www.unter.org.ar/node/13337.

Hewitt C. 1979. La modernización y los cambios en las condiciones de vida de la mujer campesina.   :1–58.   [consultado   2022   Mayo   23]. https://repositorio.cepal.org/handle/11362/32330.

Hoogerbrugge I, L.O. Fresco. 1993. Homegarden Systems: Agricultural characteristics and challenges. International Institute for Environment and Development. London. https://research.wur.nl/en/publications/homegarden-systems-agricultural-characteristics-and-challenges.

Hotúa-López LC, Cerón-Muñoz MF, Zaragoza-Martínez MDL, Angulo-Arizala J. 2021. Avicultura de traspatio: aportes y oportunidades para la familia campesina. Agronomía Mesoamericana: [consultado   2022   Septiembre   1].1019–1033. https://revistas.ucr.ac.cr/index.php/agromeso/article/view/42903.doi:10.15517/am.v32i 3.42903.

Howard PL. 2006. Gender and social dynamics in Swidden and Home gardens in Latin America. In: Springer N, editor. En Kumar, B. M. y Nair, P. K. R. (eds.). Tropical Homegardens: A time-tested example of sustainable agroforestry. p. 159–182.

Huerga A. 2020. EL ECOFEMINISMO ACELERARÁ LA TRANSICIÓN A UNA SOCIEDAD CERO EMISIONES. Zero Emissions Objective. [consultado 2022 Noviembre 8]. https://plataformazeo.com/es/ecofeminismo-sociedad-cero-emisiones-cambio-climatico/.

[IICA] Instituto Interamericano de Cooperación para la Agricultura. 2017. Resiliencia de las organizaciones de productores agroforestales ante el cambio climático: intercambio entre cooperativas de la Selva Lacandona y de la Sierra Madre de Chiapas Comon Yaj Noptic, Nuevo Paraiso, La Concordia, Chiapas. La Concordia, México. [consultado 2022 Mayo 10]. https://docplayer.es/78276153-Comon-yaj-noptic-nuevo-paraiso-la-concordia-chiapas-taller-iicaprogramamexicano-del-carbono.html.

[INEGI] Instituto Nacional de Estadística y Geografía. 2022. Simulador del valor económico de las labores domésticas y de cuidados. Aguascalientes, México:Instituto Nacional de Estadística   y   Geografía.   [consultado   2022   Julio   25]. https://www.inegi.org.mx/app/simuladortnrh/.

[INEGI] Instituto Nacional de Estadística y Geografía. 2020. Censo de Población y Vivienda.

Aguscalientes, México: Instituto Nacional de Estadística y Geografía. [consultado 2022 Marzo 11]. https://www.inegi.org.mx/app/cpv/2020/resultadosrapidos/default.html?texto=.

[INCAFECH] Instituto del Café de Chiapas. 2019. Datos importates del café. [consultado 2022 Enero 18].https://incafech.gob.mx/assets/media/documentos/Datos cafe.pdf.

[INMUJERES] Instituto Nacional de las Mujeres. 2022. IGUALDAD DE GÉNERO. [consultado 2022 Septiembre 29]. https://campusgenero.inmujeres.gob.mx/glosario/terminos/igualdaddegenero#:~:text=La igualdad entre hombres y,hay discriminación contra las mujeres.

[INAFED] Instituto Nacional para el Federalismo y el Desarrollo Municipal. 2021. La Concordia. En: Enciclopedia de los Municipios y Delegaciones de México. [consultado 2022 Febrero 9]. http://www.inafed.gob.mx/work/enciclopedia/EMM07chiapas/municipios/07020a.html.

Jiménez A, Olivera B. 2021. Impactos de la COVID-19 en la vida de las niñas y mujeres rurales y en sus derechos. En: IMPACTOS DE LA PANDEMIA DE LA COVID-19 EN MUJERES RURALES QUE ENFRENTAN PROYECTOS EXTRACTIVOS. Derecho, A. Lima, Perú. p. 30–34.

Junín DIRESA. 2022. El consumo de cuy favorece rehabilitación de pacientes COVID-19. [consultado 2022 Junio 21]. http://www.diresajunin.gob.pe/noticia/id/2020100919_el_consumo_de_cuy_favorece_r ehabilitacin_de_pacientes_covid19/#:~:text=Proteínas%2Cinerales%2C calcio y hierro,a la presencia de aminoácidos.

Kumar B, Nair P. 2006. Tropical Homegardens: A Time-Tested Example of Sustainable Agroforestry Advances in Agroforestry. Springer-V. London and New York: [consulted 2022 Noviembre 2]. https://library.uniteddiversity.coop/Permaculture/Agroforestry/Tropical_Homegardens-A_Time_Tested_Example_of_Sustainable_Agroforestry.pdf.

Kumar BM, Nair PKR. 2004. The enigma of tropical homegardens. Agroforestry Systems. [consulted 2022 November 3]. 61–62(1–3):135–152. http://link.springer.com/10.1023/B:AGFO.0000028995.13227.ca.doi:10.1023/B:AGFO.0000028995.13227.ca.

La garbancita ecológica. 2022. Ecofeminismo, alimentación y salud. La garbancita ecológica.org.:1. [consultado 2023 Enero 8]. https://lagarbancitaecologica.org/ecofeminismo/ecofeminismo-alimentacion-y-salud/#:~:text=La Alimentación Agroecológica exige la,seguridad y la soberanía alimentaria.

La Vía Campesina. 2021. La Vía Campesina: Soberanía Alimentaria, una propuesta por el futuro del planeta. La Vía Campesina Movimiento Internacional. [consultado 2023 Abril 5]. https://viacampesina.org/es/la-via-campesina-soberania-alimentaria-un-manifiesto-por-el-futuro-del-planeta/.

Latham MC. 2002. Alimentación familiar, alimentación a grupos, y alimentos de venta callejera. En: NUTRICIÓN HUMANA EN EL MUNDO EN DESARROLLO. Roma: Organización de las Naciones Unidas para la Agricultura y la Alimentación. [consultado 2022 Febrero 4].https://www.fao.org/3/w0073s/w0073s18.htm#bm44x.

Leos Malagon AS, Saavedra Cruz RD, Viveros Valdez E. 2020. Plantas aromáticas posiblemente útiles contra el SARS-CoV-2 (Covid-19). Archivos Venezolanos Farmacologícos y Terapéutica. [consultado 2022 Octubre 10].39:744–756. https://www.redalyc.org/articulo.oa?id=55965387014.

Leyva D, Sánchez E, Acuña J. 2020. Resistencias y formas de vida en las comunidades indígenas frente a la pandemia de COVID-19: Desafíos en la producción y comercialización local. En: Cartografías de la pandemia en tiempos de crisis civilizatoria. Aproximaciones a su entendimiento desde México y América Latina. Universidad de México, D.F.: Ediciones la biblioteca. p. 203–214. https://www.researchgate.net/publication/346651094_Cartografias_de_la_pandemia_en _tiempos_de_crisis_civilizatoria_Aproximaciones_a_su_entendimiento_desde_Mexico _y_America_Latina.

Lok R. 1998. El huerto casero tropical tradicional en América Central. En: Lok, R. (editora) Huertos Caseros Tradicionales de América Central: características, beneficios e importancia, desde un enfoque multidisciplinario. Costa Rica. p. 7–28.

Lope-Alzina DG. 2012. Avances y vacios en la investigación en huertos familiares de la Península de Yucatán. En: ECOSUR-SERNAPAM., editor. Ramón Mariaca Méndez (Ed.), El Huerto Familiar del Sureste de México. México. p. 98–110.

Lope-Alzina DG. 2017. Cuatro décadas de estudio en huertos familiares maya-yucatecos: Hacia la comprensión de su variación y complejidad. Gaia Scientia. [consultado 2022 Octubre 15]. 11(3). http://www.periodicos.ufpb.br/index.php/gaia/article/view/35457. doi:10.22478/ufpb.1981-1268.2017v11n3.35457.

Lugo G. 2020. Beneficios múltiples de la carne de cerdo. Gaceta UNAM.:1. [consultado 2022 Abril 24].https://www.gaceta.unam.mx/beneficios-multiples-de-la-carne-de-cerdo/#:~:text=Esbuena fuente de proteínas,B%2C especialmente tiamina y B12.

Maisano T. 2019. SIN FEMINISMO NO HAY AGROECOLOGÍA HACIA SISTEMAS ALIMENTARIOS SALUDABLES, SOSTENIBLES Y JUSTOS. https://www.csm4cfs.org/wp-content/uploads/2019/10/MSC-Agroecologia-y-Feminismo-Septiembre-2019_compressed.pdf.

Manzanero G, Vázquez M, Sánchez H, Gómez R. 2018. Los huertos familiares de Oaxaca. En: Atlas biocultural de huertos familiares en México: Chiapas, Hidalgo, Oaxaca, Veracruz y Península de Yucatán. Cuernavaca: Universidad Nacional Autónoma de México. p. 221–274. https://www.researchgate.net/publication/328101784_Atlas_biocult.

Marchese G. 2019. Del cuerpo en el territorio al cuerpo-territorio: elementos para una genealogía feminista latinoamericana de la crítica a la violencia. EntreDiversidades Revista de Ciencias Sociales y Humanidades. 6(2):9–41. http://entrediversidades.unach.mx/index.php/entrediversidades/article/view/131.doi:10. 31644/ED.V6.N2.2019.A01.

Mariaca R edit. 2012. El huerto familiar del Sureste de México. Secretaría de Recursos

Naturales y Protección Ambiental del Estado de Tabasco. El Colegio de la Frontera Sur. México. p.555 https://www.researchgate.net/profile/Leopoldo-Medina2/publication/236870993_El_huerto_familiar_del_sureste_de_Mexico/links/02e7e519c0b4aa7874000000/El-huerto-familiar-del-sureste-de-Mexico.pdf

Martí del Moral A, Calvo C, Martínez A. 2020. Ultra-processed food consumption and obesity—a systematic review. Nutrición Hospitalaria. https://www.nutricionhospitalaria.org/articles/03151/show. doi:10.20960/nh.03151.

Martín A. 2020. El desconocido y esencial papel de los patos en la dispersión de semillas. El Heraldo. [consultado 2022 Agosto 30]. https://www.heraldo.es/noticias/sociedad/2020/08/30/desconocido-esencial-papel-patos-dispersion-semillasnaturaleza-patos-cronica-1393159.html.

Martínez-Torres ME. 2006. Organic Coffee: Sustainable Development by Mayan Farmers. Ohio Unive. México,Chiapas: Ohio University Press. [consultado 2022 Enero 20].https://www.ohioswallow.com/extras/0896802477_intro.pdf.

Martínez E. 2011. Capitalismo y patriarcado: la doble desigualdad de la mujer. Pueblos Revista de Información y debate. [consultado 2022 Febrero 18].http://www.revistapueblos.org/old/spip.php?article2227.

Mies M, Shiva V. 2013. Ecofeminismo: teoría, crítica y perspectivas. [consultado 2022 Junio5].:239.http://books.google.com.mx/books/about/Ecofeminismo.html?id=jDs1AAAACAAJ&pgis=1

Ministerio del Medio Ambiente. 2021. Composta: el abono natural que reduce la erosión del suelo y combate el cambio climático. MMA Noticias. [consultado 2022 Octubre 2].https://mma.gob.cl/compost-el-abono-natural-que-reduce-la-erosion-del-suelo-y-combate-el-cambio-climatico/#.

Montagnini F. 2006. «Homegardens of Mesoamerica: biodiversity, food security and nutrient Management». In: Springer, editor. B. Mohan Kumar y P. K. Ramachandran Nair (eds.), Tropical homegardens: a time-tested example of sustainable agroforestry. Holanda. p. 61–86.

Montes O N, Millar M I, Provoste L R, Martínez M N, Fernández Z D, Morales I G, Valenzuela B R. 2016. Absorción de aceite en alimentos fritos. Revista Chilena de Nutrición. 43(1):87–91. http://www.scielo.cl/scielo.php?script=sci_arttext&pid=S0717751820160001000013&lng=en&nrm=iso&tlng=en.doi:10.4067/S0717751820160001000013

Montoya D, Toledo VM. 2020. Historia de la caficultura en Chiapas (1880-2010). Apuntes de una evolución social y ambiental. Sociedad y Ambiente.(23):1–25. https://revistas.ecosur.mx/sociedadyambiente/index.php/sya/article/view/2187.doi:10.31840/sya.vi23.2187.

Mora A. 2020. Economía del cuidado: Un trabajo invisibilizado en México. Centro de Estudios Constitucionales SCJN.:3. [consultado 2022 Junio 20]. https://www.sitios.scjn.gob.mx/cec/blog-cec/economia-del-cuidado-un-trabajoinvisibilizado-en-mexico.

Morales Y. 2021. Una madre, el centro de la sociedad prehispánica. Chiapas Paralelo. [consultado 2022 Mayo 10].https://www.chiapasparalelo.com/noticias/chiapas/2021/05/una-madre-el-centro-de-la-sociedad-prehispanica/.

Morato-Vásquez N, Jazmín Z-PJ, Messager T. 2015. Conceptualización de ciclo vital familiar: una mirada a la producción durante el periodo comprendido entre los años 2002 a 2015. CES Psicol. 8:103–121. https://www.redalyc.org/articulo.oa?id=423542417006.

Muñoz C, Vázquez V. 2012. El Estado neoliberal y las mujeres indígenas. Un estudio de caso de la Sierra Negra de Puebla. Espiral. XIX:91–121. https://www.redalyc.org/articulo.oa?id=13823075004.

Mycoffebox. 2021. Café Metik, el café hecho por mujeres. [consultado 2022 Febrero 17].https://mycoffeebox.com/cafe-metik-el-cafe-hecho-por-mujeres/.

Naciones Unidas. 2022. Incrementar la igualdad y combatir la discriminación. Naciones Unidas Derechos Humanos. [consultado 2022 Febrero 8]. https://www.ohchr.org/es/about-us/what-we-do/our-roadmap/enhancing-equality-and-countering-discrimination.

Naciones Unidas. 2022. Una oculta crisis alimentaria en América Latina alienta aún más la migración en el continente. Noticias ONU Mirada Global Historias humanas. [consultado 2022 Agosto 9].https://news.un.org/es/story/2022/06/1510262.

Neulinger K, Vogl CR, Alayón-Gamboa JA. 2013. Plant Species and Their Uses In Homegardens of Migrant Maya and Mestizo Smallholder Farmers In Calakmul, Campeche, Mexico. Journal of Ethnobiology. 33(1):105–124. http://www.bioone.org/doi/abs/10.2993/0278-0771-33.1.105. doi:10.2993/0278-0771-33.1.105..

Novillo C. 2020. Qué es el ecofeminismo. Ecología verde. [consultado 2022 Noviembre 15].https://www.ecologiaverde.com/que-es-el-ecofeminismo-2078.html.

Nu. CEPAL. 2020. La pandemia del COVID-19 profundiza la crisis de los cuidados en América Latina y el Caribe. [consultado 2022 Febrero 9].https://repositorio.cepal.org/handle/11362/45335.

Observatorio gire. 2020. Observatorio Género y COVID-19 en México. Cuidados. [consultado 2022 Febrero 3]. https://genero-covid19.gire.org.mx/tema/trabajo-de-cuidados/.

[OIT]. Organización Internacional del Trabajo. 2020. ¿Cuánto tiempo dedican las mujeres y los hombres al trabajo de cuidados no remunerado? [consultado 2021 Noviembre 12]. https://www.ilo.org/global/about-the-ilo/multimedia/maps-andcharts/enhanced/WCMS_633579/lang--es/index.htm.

OKDIARIO. 2017. Pavo, el alimento light con muchos beneficios para tu salud. Oksalud. [consultado 2022 Agosto 19].https://okdiario.com/salud/pavo-propiedades-nutricionales-63564.

[OMS]. Organización Mundial de la Salud 2020. Brote de enfermedad por Coronavirus (COVID-19). Nuevo Coronavirus 2019. [consultado Enero 2022

20].https://www.who.int/es/emergencies/diseases/novel-coronavirus-2019.

[ONU MUJERES]. Organización Nacional de las Naciones Unidas Mujeres. 2020. La COVID-19 ensanchará la brecha de pobreza entre mujeres y hombres según los nuevos datos de ONU Mujeres y el PNUD. Noticias. [consultado 2022 Septiembre 2].https://www.unwomen.org/es/news/stories/2020/8/press-release-covid-19-will-widen-poverty-gap-between-women-and-men.

[ONU MUJERES]. Organización Nacional de las Naciones Unidas Mujeres.2022. Mujeres rurales, alimentación y erradicación de la pobreza. [consultado 2022 Febrero 9] https://www.unwomen.org/es/news/in-focus/rural-women-day/2014.

[OPS]. Organización Panamericana de la Salud. 2020. Enfermedad por el Coronavirus (COVID-19). [consultado 2023 Abril 5]. https://www3.paho.org/hq/index.php?option=com_content&view=article&id=15756:who-characterizes-covid-19-as-a- pandemic&Itemid=0&lang=es#gsc.tab=0.

[IAEA]. Organismo Internacional de Energía Atómica 2022. Desarrollo de prácticas agrícolas inteligentes. IAEA. [consultado 2022 Diciembre 21]. https://www.iaea.org/es/temas/desarrollo-de-practicas-agricolas-inteligentes.

Ovando K, Rodríguez-Galván G, Ubiergo Corvalán P, Martínez L, Rodríguez L. 2020. Plantas medicinales del patio de Ángel Albino Corzo, Chiapas. Chiapas, México. https://www.researchgate.net/publication/354478461_Libro_Plantas_medicinales_del_ patio_de_Angel_Albino_Corzo_Chiapas.

OXFAM México. 2022. Las mujeres y el trabajo en la esfera productiva. México. [consultado 2022 Junio 12]. https://es.scribd.com/document/451157537/Cuadernillo-04-Mujeres-y-Trabajo-Productivo.

Peredo Beltrán E. 2017. Ecofeminismo. En: Alternativas sistémicas. Vivir bien, decrecimiento, comunes, Ecofeminismo, Derechos de la madre Tierra y Desglobalización. Fundación. La paz, Bolivia: CCFD, DKA y Fastenopfer. p. 103–132. https://systemicalternatives.files.wordpress.com/2017/03/pdf-libro-sa.pdf.

Pérez-Bustos T, Tobar-Roa V, Márquez-Gutiérrez S. 2016. "Etnografías de los contactos. Reflexiones feministas sobre el bordado como conocimiento". Antipoda Revista de Antropología y Arqueología. 26:47–66. https://www.researchgate.net/publication/308766223_Etnografias_de_los_contactos_R eflexiones_feministas_sobre_el_bordado_como_conocimiento.doi:10.7440/antipoda26. 2016.02.

Pérez-Grovas V. 1998. Evaluación de la sustentabilidad del sistema de producción de café orgánico en la Unión de ejidos Majomut, en la región de los Altos de Chiapas. San Cristóbal de Las Casas, México: UACH.

Pérez C. 2019. Maltodextrina: qué es, usos y contraindicaciones. [consultado 2022 Julio 18]. https://espanadiario.tips/consejos/maltodextrina-usos-contraindicaciones.

Pérez Izquierdo O, Nazar Beutelspacher A, Salvatierra Izaba B, Pérez-Gil Romo SE, Rodríguez L, Castillo Burguete MT, Mariaca, Méndez R. 2012. Frecuencia del consumo de alimentos industrializados modernos en la dieta habitual de comunidades mayas de Yucatán, México. Estudios Sociales. [consultado 2022 Noviembre 19]. 20(39):1–31. https://www.scielo.org.mx/scielo.php?script=sci_arttext&pid=S018845572012000100006.

Pérez SR. 2021. Entrevista situación actual de los productores orgánicos de la Unión Majomut ante el COVID-19. Chiapas, México.

Pla Julián I, Adam Donat A, Bernabeu Díaz I. 2013. Estereotipos y prejuicios de género: Factores determinantes en Salud Mental. Dialnet. [consultado 2022 Mayo 5]. 11(46):1–9. https://dialnet.unirioja.es/servlet/articulo?codigo=4694952

Polonio K, Divulgación-CYMMYT. 2022. Mujeres, agricultura y pandemia. Centro Internacional del Mejoramiento del Maíz y Trigo. https://idp.cimmyt.org/mujeres-agricultura-y-pandemia/.

Van Der Ploeg JD. 2020. From biomedical to politico-economic crisis: the food system in times of Covid-19. J Peasant Studies. 47(5):944–972. https://www.tandfonline.com/doi/full/10.1080/03066150.2020.1794843.doi:10.1080/03066150.2020.1794843.

[PNUD] Programa para las Naciones Unidas UE, Corporación EL Canelo de Nos. 2016. Prácticas agroecológicas para mejorar la huerta familiar. Chile. https://www.estudiospnud.cl/wp-content/uploads/2020/04/undp_cl_medioambiente_Practicas-huerta-familiar.pdf.

Puleo García A. 2017. ¿Qué es el ecofeminismo? Quadernos de la Mediterránia. [consultado 2022 Abril 18]. 25(25):210–215. https://www.iemed.org/wp-content/uploads/2021/05/¿Qué-es-el-ecofeminismo_-1.pdf.

Ramprasad V. 1999. Las mujeres guardan las sagradas semillas de la biodiversidad. Leisa Revista de Agroecología. [consultado 2022 Agosto 17]. https://leisa-al.org/web/index.php/volumen-15-numero-4-3/2400-las-mujeres-agricultoras-seleccionan-las-semillas-y-mantienen-la-biodiversidad.

Red ecofeminista. 2013. Vandana Shiva: "Lo más revolucionario es un huerto." Red ecofeminista.:1–2. [consultado 2022 Febrero 4]. https://redecofeminista.wordpress.com/2013/10/13/vandana-shiva-lo-mas-revolucionario-es-un-huerto/#more-1797.

Reyes BA. 2014. AGROBIODIVERSIDAD Y MANEJO DEL HUERTO FAMILIAR, SU CONTRIBUCIÓN A LA SEGURIDAD ALIMENTARIA, EN UNA LOCALIDAD DEL MUNICIPIO DE PASO DE OVEJAS, VERACRUZ. UNIVERSIDAD VERACRUZANA. [consultado 2022 Noviembre 20].https://cdigital.uv.mx/bitstream/handle/123456789/46382/ReyesBetanzosAdlay.pdf?sequence=2&isAllowed=y.

Robichaux D. 2005. ¿DÓNDE ESTA EL HOGAR? RETOS METODOLÓGICOS PARA EL ESTUDIO DEL GRUPO DOMÉSTICO EN LA MESOAMÉRICA CONTEMPORÁNEA. En: Familia y parentesco en México y Mesoamérica: Unas miradas antropológicas. México, D.F. p. 1–19. [consultado 2022 Marzo 7].https://www.academia.edu/26844453/_Dónde_está_el_hogar_Retos_metodológicos

_para_el_estudio_del_grupo_doméstico_en_la_Mesoamérica_contemporánea.

Rodríguez-Ramírez S, Gaona-Pineda EB, Martínez-Tapia B, Romero-Martínez M, Mundo-Rosas V, Shamah-Levy T. 2021. Inseguridad alimentaria y percepción de cambios en la alimentación en hogares mexicanos durante el confinamiento por la pandemia de Covid-19. Salud Pública de México. 63(6, Nov-Dic):763–772. https://www.saludpublica.mx/index.php/spm/article/view/12790. doi:10.21149/12790.

Rodriguez AL. 2017. Mujeres: su rol en la soberania y seguridad alimentaria. Ecuador C, editor. Ecuador. [consultado 2022 Enero 21]. https://revistaecociencias.cl/wpcontent/uploads/2020/04/Mujeres.Surolenlasoberaníays eguridadalimentariasdesdelossaberesylaidentidadcultural.pdf.

Rodríguez C. 2015. Economia feminista y economia del cuidado. Aportes conceptuales para el estudio de la desigualdad. Nueva Sociedad: [consultado 2022 Marzo 1].1–15. https://biblat.unam.mx/hevila/Nuevasociedad/2015/no256/3.pdf.

Ruíz JC. 2007. Alicia Puleo: "Existe un ecofeminismo para la igualdad en el futuro modelo de desarrollo." Mujeres en Red El periódico Femenino. [consultado 2022 Agosto 9].https://www.mujeresenred.net/spip.php?article1249.

Salmerón Campos RM. 2020. El plato del bien comer, la dieta correcta y la dieta de la milpa. :1–6. [consultado 2022 Agosto 24]. https://repositorio.iberopuebla.mx/handle/20.500.11777/4718.

Saucedo A. 2020. Transición hacia el ecofeminismo. Género y Economía. Desigualdad de género en el Mercado del Trabajo. [consultado 2021 Diciembre 9]. https://generoyeconomia.wordpress.com/2020/05/04/transicion-hacia-el-ecofeminismo/.

Secretaría General Unidad para la Igualdad de Género. 2017. LOS DERECHOS HUMANOS DE LAS MUJERES. Ciudad de México. [consultado 2022 Marzo 18].http://biblioteca.diputados.gob.mx/janium/bv/uig/lxiii/cua_der_hum_muj.pdf.

[SIAP]. Sistema de Información Agroalimentaria y Pesquera. 2020. 2022 EXPECTATIVAS Agroalimentarias. Ciudad de México. [consultado 2021 Diciembre6].https://www.gob.mx/cms/uploads/attachment/file/723488/Expectativas_A groalimentarias_2022.pdf.

Siedentopp U. 2009. El café, planta medicinal y de deleite. Revista Internacional de Acupuntura.3(3):143147.https://linkinghub.elsevier.com/retrieve/pii/S18878369097214 53.doi:10.1016/S1887-8369(09)72145-3.

Soto-Pinto L, Jiménez FG, Lerner, Martínez T. 2008. Diseño de Sistemas Agroforestales para la Producción y la Conservación Experiencia y Tradición en Chiapas. San Cristóbal de Las Casas, Chiapas México.: El Colegio de la Frontera Sur, ECOSUR. https://www.researchgate.net/publication/284304882_Diseno_de_Sistemas_Agroforest ales_para_la_Produccion_y_la_Conservacion_Experiencia_y_Tradicion_en_Chiapas/ci tation/download.

Tarhuni Navarro D, Hernández-Stefanoni JL, Posada de la Concha JM, Nepote González AC,

Varguez Ramírez M. 2020. Huertos urbanos ¿fenómeno pasajero o nuevo estilo de vida ante la pandemia de la COVID-19? Centro de Investigación Científica de Yucatán, AC.:1–9.https://www.cicy.mx/Documentos/CICY/Desde_Herbario/2020/2020-06-11-Daniela-Tarhuni-Huertos-Urbanos.pdf.

Thompson D, Valle D. 2012. Organización, Percepción social y valoración económica del Sistema Agroforestal con Café Sustentable en la Cuenca Alta del Rio Cuxtepeques, Municipio de La Concordia, Chiapas. [Tesis de maestría] El Colegio de la Frontera Sur, Colorado State University.https://ecosur.repositorioinstitucional.mx/jspui/bitstream/1017/1729/1/1000 00051353_documento.pdf.

Trevilla-Espinal D. 2015. Sostenibilidad de la vida: Las estrategias agroalimentarias de mujeres indígenas en zonas cafetaleras de Tenejapa. El Colegio de la Frontera Sur.https://www.researchgate.net/publication/333184688_Sostenibilidad_de_la_vida_L as_estrategias_agroalimentarias_de_mujeres_indigenas_en_zonas_cafetaleras_de_Tene japa. doi:10.13140/RG.2.2.14252.31369

Trevilla DL. 2018. Ecofeminismos y agroecología en diálogo para la defensa de la vida. La agroecóloga Revista Campesina.:1–10. [consultado 2022 Septiembre 22]. http://agroecologa.org/ecofeminismos-y-agroecologia-en-dialogo-para-la-defensa-de-la-vida/.

Triana Moreno DP. 2016. Éticas ecofeministas: la comunidad de la vida. Cuadernos de Filosofía Latinoamericana. [consultado 2022 Marzo 28]. 37(114):117. https://revistas.usantotomas.edu.co/index.php/cfla/article/view/2195. doi:10.15332/s0120-8462.2016.0114.05.

Trujillo Gómez AG, Sánchez Álvarez M. 2022. Transformación e innovación de conocimientos en la construcción y función sustentable de las viviendas en la cabecera de San Juan Chamula. DECUMANUS. 8(8):1–21. https://erevistas.uacj.mx/ojs/index.php/decumanus/article/view/4548.doi:10.20983/dec umanus.2022.1.6.

Uyteewaal K. 2015. Feminismos y agroecologia. Un entrelazamiento esencial. [consultado 2022 Diciembre 14]. Leisa.:5–7. https://www.leisa-al.org/web/index.php/volumen-31-numero-4.

Valera M. 2022. Guía para la transversalización de la igualdad de género. Chiapas, México. [consultado 2023 Abril 3]. http://seigen.chiapas.gob.mx/uploads/files/20220803165519_4_1831.pdf.

Valtierra M. 2020. LA RELACIÓN ENTRE EL FEMINISMO Y LA LUCHA CONTRA EL CAMBIO CLIMÁTICO. Climate Reality Project. [consultado 2022 Abril 16]. https://www.climatereality.lat/principios-de-cambio-climatico/la-relacion-entre-el-feminismo-y-la-lucha-contra-el-cambio-climatico/.

Vargas JG. 2007. Liberalismo, Neoliberalismo, Postneoliberalismo. Revista del Magíster en Análisis Sistémico Aplicado a la Sociedad.:66–89. https://www.redalyc.org/articulo.oa?id=311224745004.

Vargas VP. 2007. Mujeres cafetaleras y producción de café orgánico en Chiapas. El Cotidiano.

[consultado 2022 Febrero 28]. 22(142):74–83. https://www.fec-chiapas.com.mx/sistema/biblioteca_digital/mujeres-cafetaleras.pdf.

Vergara GT. 2021. Entorno alimentario obesogénico en la región Altos de Chiapas, México. :1–18. [consultado 2022 Noviembre 3].http://ru.iiec.unam.mx/5522/1/038-Vergara.pdf.

Vibrans H. 2022. Listado alfabético por familia/género/especie. CONABIO. [consultado 2022 Septiembre 21]. http://www.conabio.gob.mx/malezasdemexico/2inicio/paginas/lista-plantas.htm.

Villanueva D. 2022. Productores agrícolas, con los precios más altos en 23 años. La Jornada. [consultado 2022 Agosto 29]. https://www.jornada.com.mx/2022/05/02/economia/023n2eco.

Vogl CR, Vogl-Lukasser B, Puri RK. 2004. Tools and Methods for Data Collection in Ethnobotanical Studies of Homegardens. Field methods. 16(3):285–306. http://journals.sagepub.com/doi/10.1177/1525822X04266844. doi:10.1177/1525822X04266844.

WWF. 2022. Formas en las que, al comprar y consumir, puedes ayudar a combatir el cambio climático. Descubre WWF. [consultado 2022 Octubre 5]. https://www.worldwildlife.org/descubre-wwf/historias/5-formas-en-las-que-al-comprar-y-consumir-puedes-ayudar-a-combatir-el-cambio-climatico.

Anexos

Anexo 1. Memoria fotográfica del primer taller "hacia la igualdad de género", con las familias cafetaleras el 06 de mayo de 2022.

1.1   Registro, colocación de gafetes y participación de las familias cafetaleras.

1.2   Títeres, gafetes y presentación de la obra de teatro "un grito en la obscuridad".

Anexo 2. Memoria fotográfica del segundo taller "el plato de la buena alimentación —agroecoalimentación—", con las familias cafetaleras el 19 de mayo de 2022.

2.1   Coffee break, gafetes y bocadillos.

2.2   Dinámica "Mi camino alimentario" ¿qué comiste hoy?

2.3   Mujeres cafetaleras y sus esposos integrantes de la organización más grande.

2.4   Elaboración del plato de la buena alimentación con mujeres cafetaleras.

2.5   Presentación PPT del plato de la buena alimentación.

Anexo 3. Memoria fotográfica del trabajo de campo en comunidades y ranchos del municipio de La Concordia.

3.1   Ranchos visitados

3.2 Trabajo de campo y entrevistas en distintos ranchos en La Concordia.

3.3 Entrevistas en ranchos y comunidades del municipio de La Concordia.

3.4 Entrevista con una productora cafetalera el 19 de abril de 2022.

3.5 Productora sembrando cilantro en un rancho del municipio de La Concordia, el 16 mayo de 2022.

3.6 Huerto familiar en camellones horizontales y verticales en un rancho del municipio de La Concordia, Chiapas.

3.7 Huerto familiar en un rancho del municipio de La Concordia, Chiapas.

3.8 Huerto familiar colgante, y en macetas, en un rancho del municipio de La
    Concordia.

3.9 Huerto familiar colgante, y en macetas, en un rancho del municipio de La
    Concordia.

3.10   Muestreo de suelo en una comunidad de La Concordia, Chiapas; suelo con pH
entre 6 y 7.

3.11   Algunas prácticas agrícolas y ¿qué hay en los huertos familiares?

3.12   Agrobiodiversidad en los huertos —primera parte—.

3.13   Agrobiodiversidad en los huertos —segunda parte—.

3.14   Agrobiodiversidad en los huertos —tercera parte—.

3.15   Estrategias agroalimentarias de mujeres cafetaleras —parte uno—.

3.16   Estrategias agroalimentarias de las mujeres cafetaleras —parte dos—.

3.17   Grupo organizado de mujeres cafetaleras, al finalizar los talleres el 19 de mayo
de 2022.

3.18   Despedida del trabajo de campo con una de las familias cafetaleras.

Anexo 4.- Entrega y devolución de resultados del video final y otras herramientas con familias cafetaleras en La Concordia, Chiapas el 14 de octubre de 2022.

En presencia del presidente y de la fundadora de ambas organizaciones cafetaleras, se hizo entrega de los resultados de la investigación: dos rotafolios con los relojes de tiempo de mujeres y hombres, 20 impresiones enmicadas del plato de la buena alimentación junto con 20 CD's —discos compactos DVD— para las mujeres cafetaleras, en donde se agregó el video final que se les presentó —la mayoría de familias cuenta con un lector de discos en su vivienda—.

Anexo 5. Memoria fotográfica de la entrega de reconocimiento y beca para esta investigación, por parte del Instituto de Ciencia y Tecnología de Chiapas en Tuxtla Gutiérrez —5 agosto de 2022—.

5.1   Palabras en representación de los galardonados de posgrado, por Alejandra Trujillo.

5.2   Notas en diversos periódicos de la entrega de reconocimientos del ICTI junto a Benigno Gómez, coordinador de ECOSUR de la unidad San Cristóbal.

Fuente: (Diario de Chiapas y Cuarto Poder 2022).

5.3   Fotografías junto al coordinador de Ecosur San Cristóbal, Benigno Gómez; y junto al director del Instituto de Ciencia y Tecnología, Helmer Ferras.

5.4	Reconocimiento Estatal para esta investigación del Instituto de Ciencia y Tecnología de Chiapas, 2022.

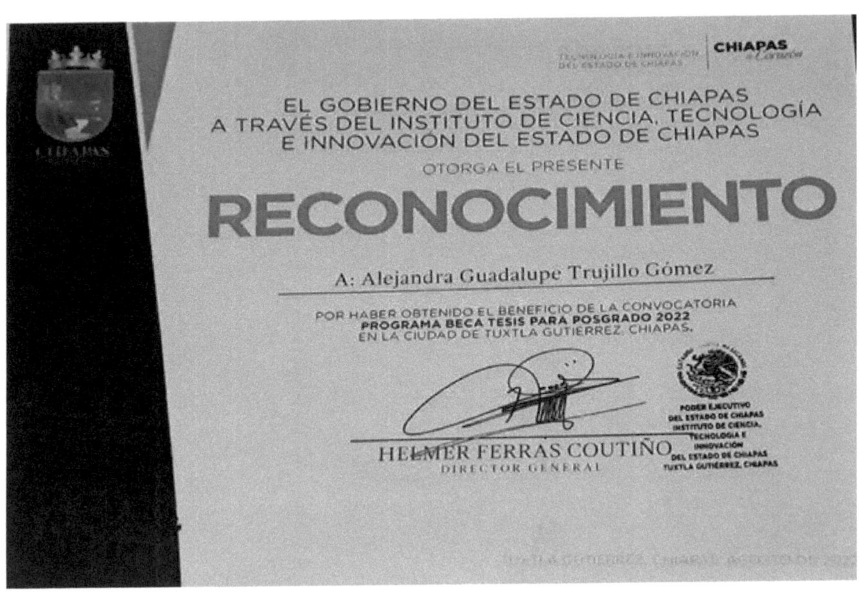

5.5	Fotografía grupal, entrega de "Becas de apoyo Tesis Posgrado 2022" del ICTI; 05 de agosto de 2022.

5.6. Reconocimiento Internacional para esta investigación por la Plataforma de Acción Climática (PLACA), en Santiago de Chile el 24 de octubre de 2022.

… Y ante las futuras pandemias, las prácticas agrícolas en el huerto familiar serán vitales para la producción de alimentos sanos y nutritivos…

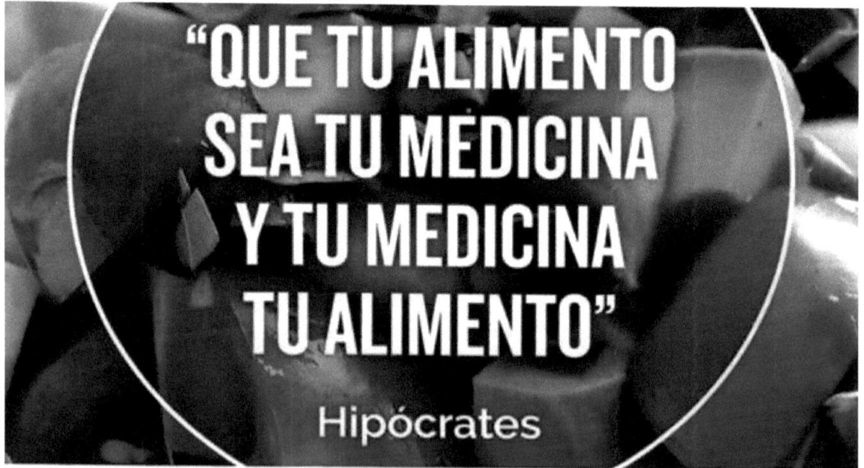

yes
I want morebooks!

Buy your books fast and straightforward online - at one of world's fastest growing online book stores! Environmentally sound due to Print-on-Demand technologies.

Buy your books online at
www.morebooks.shop

¡Compre sus libros rápido y directo en internet, en una de las librerías en línea con mayor crecimiento en el mundo! Producción que protege el medio ambiente a través de las tecnologías de impresión bajo demanda.

Compre sus libros online en
www.morebooks.shop

Printed by Books on Demand GmbH, Norderstedt / Germany